全国电力高职高专"十二五"系列教材

工 科 基 础 课 系 列 教 材

U0393837

中国电力教育协会审定

C语言程序设计
与项目开发教程

全国电力职业教育教材编审委员会　组　编

姚宏坤　冯玉东　主　编

熊富琴　杨　斌　龚　民　左红岩　副主编

刘玉洁　王晓燕　胡天濡　编　写

秦昌平　主　审

中国电力出版社
CHINA ELECTRIC POWER PRESS

内 容 提 要

本书为全国电力高职高专"十二五"系列教材 工科基础课系列教材。本书针对高职高专学生的认知特点，突出高职高专"以就业为导向，以技能为目标"的特色。以项目为背景，以技能为主线，采用"任务驱动"的方式组织编写。全书共分为 3 篇。基础篇，包括第 1 章～第 5 章，主要介绍 C 语言的基本知识及顺序、选择和循环 3 种控制结构。中级篇包括第 6 章～第 8 章，介绍数组、函数和指针。提高篇包括第 9 章和第 10 章，介绍复杂数据类型和文件。

本书可作为高职高专院校、成人高校和本科院校举办的二级职业技术学院、民办高校 C 语言程序设计课程的教材，也可作为备考等级考试和其他从事计算机编程人员的自学和参考用书。

图书在版编目（CIP）数据

C 语言程序设计与项目开发教程 / 姚宏坤，冯玉东主编；全国电力职业教育教材编审委员会组编. —北京：中国电力出版社，2013.12（2021.8重印）

全国电力高职高专"十二五"规划教材. 工科基础课系列教材

ISBN 978-7-5123-5070-0

Ⅰ. ①C… Ⅱ. ①姚… ②冯… ③全… Ⅲ. ①C 语言－程序设计－高等职业教育－教材 Ⅳ. ①TP312

中国版本图书馆 CIP 数据核字（2013）第 250075 号

中国电力出版社出版、发行

（北京市东城区北京站西街 19 号 100005 http://www.cepp.sgcc.com.cn）

三河市航远印刷有限公司印刷

各地新华书店经售

*

2013 年 12 月第一版 2021 年 8 月北京第三次印刷

787 毫米×1092 毫米 16 开本 16.25 印张 391 千字

定价 **30.00 元**

全国电力职业教育教材编审委员会

主　任　薛　静

副 主 任　张薛鸿　　赵建国　　刘广峰　　马晓民　　杨金桃　　王玉清

文海荣　　王宏伟　　王宏伟(女)　朱　飙　　何新洲　　李启煌

陶　明　　杜中庆　　杨义波　　周一平

秘 书 长　鞠宇平　　潘劲松

副秘书长　刘克兴　　谭绍琼　　武　群　　黄定明　　樊新军

委　　员（按姓氏笔画顺序排序）

丁　力　　马敬卫　　方舒燕　　毛文学　　王火平　　王玉彬　　王亚娟

王　宇　　王俊伟　　兰向春　　冯　涛　　任　剑　　刘家玲　　刘晓春

汤晓青　　阮予明　　齐　强　　余建华　　佟　鹏　　吴金龙　　吴斌兵

宋云希　　张小兰　　张进平　　张惠忠　　李建兴　　李高明　　李道霖

李勤道　　陈延枫　　屈卫东　　罗红星　　罗建华　　郑亚光　　郑晓峰

胡起宙　　胡　斌　　饶金华　　倪志良　　郭连英　　盛国林　　章志刚

黄红荔　　黄益华　　黄蔚雯　　龚在礼　　曾旭华　　董传敏　　解建宝

廖　虎　　潘汪杰　　操高城　　戴启昌

电力工程专家组

组　　长　解建宝

副 组 长　李启煌　　陶　明　　王宏伟　　杨金桃　　周一平

成　　员（按姓氏笔画顺序排序）

王玉彬　　王　宇　　王俊伟　　刘晓春　　余建华　　吴斌兵　　张惠忠

李建兴　　李道霖　　陈延枫　　罗建华　　胡　斌　　章志刚　　黄红荔

黄益华　　谭绍琼

出 版 说 明

为深入贯彻《国家中长期教育改革和发展规划纲要（2010—2020）》精神，落实鼓励企业参与职业教育的要求，总结、推广电力类高职高专院校人才培养模式的创新成果，进一步深化"工学结合"的专业建设，推进"行动导向"教学模式改革，不断提高人才培养质量，满足电力发展对高素质技能型人才的需求，促进电力发展方式的转变，在中国电力企业联合会和国家电网公司的倡导下，由中国电力教育协会和中国电力出版社组织全国 14 所电力高职高专院校，通过统筹规划、分类指导、专题研讨、合作开发的方式，经过两年时间的艰苦工作，编写完成全国电力高职高专"十二五"系列教材。

该套教材分为电力工程、动力工程、实习实训、公共基础课、工科基础课、学生素质教育六大系列。其中，电力工程系列和工科基础课系列教材 40 余种，主要针对发电厂及电力系统、供用电技术、继电保护及自动化、输配电线路施工与维护等专业，涵盖了电力系统建设、运行、检修、营销以及智能电网等方面内容。教材采用行动导向方式编写，以电力职业教育工学结合和理实一体化教学模式为基础，既体现了高等职业教育的教学规律，又融入电力行业特色，是难得的行动导向式精品教材。

本套教材的设计思路及特点主要体现在以下几方面。

（1）按照"行动导向、任务驱动、理实一体、突出特色"的原则，以岗位分析为基础，以课程标准为依据，充分体现高等职业教育教学规律，在内容设计上突出能力培养为核心的教学理念，引入国家标准、行业标准和职业规范，科学合理设计任务或项目。

（2）在内容编排上充分考虑学生认知规律，充分体现"理实一体"的特征，有利于调动学生学习积极性，是实现"教、学、做" 一体化教学的适应性教材。

（3）在编写方式上主要采用任务驱动、行动导向等方式，包括学习情境描述、教学目标、学习任务描述、任务准备、相关知识等环节，目标任务明确，有利于提高学生学习的专业针对性和实用性。

（4）在编写人员组成上，融合了各电力高职高专院校骨干教师和企业技术人员，充分体现院校合作优势互补，校企合作共同育人的特征，为打造中国电力职业教育精品教材奠定了基础。

本套教材的出版是贯彻落实国家人才队伍建设总体战略，实现高端技能型人才培养的重要举措，是加快高职高专教育教学改革、全面提高高等职业教育教学质量的具体实践，必将对课程教学模式的改革与创新起到积极的推动作用。

本套教材的编写是一项创新性的、探索性的工作，由于编者的时间和经验有限，书中难免有疏漏和不当之处，恳切希望专家、学者和广大读者不吝赐教。

全国电力职业教育教材编审委员会

前　　言

　　目前很多高职院校和普通高等院校都将 C 语言作为程序设计基础语言课程学习的首选。因此，其教学内容安排得是否合理，将直接影响学生的学习效果。本书特别注重前后内容的编排和衔接，以方便教师讲授和学生学习。

　　本书的主要特点如下：

　　（1）突出技能，重在编程能力培养，理论知识从够用、必需的角度出发，加强实用性和实践性强的案例。

　　（2）全书共分为 3 篇：基础篇、中级篇和提高篇，每篇各章均采用"任务导入"、"知识讲解"、"任务实施"、"综合实训"、"知识拓展"等部分，每篇结束均安排了综合设计项目，有助于本篇知识的综合理解和运用。

　　（3）每章均采用"任务驱动"的组织方式，从而避免了枯燥的理论叙述，有利于激发学生学习的积极性。每一节所讲授的知识点均贯穿于每一个案例之中，同时辅以相应难度的课后练习，使学生能够真正做到"随听随练，即练即懂"。

　　（4）针对每章所学知识点，精心设计了上机实训内容，采取了分层次实训的方式，既方便教师布置学生上机实训作业，也便于学生上机前准备和上机后总结，加强了实践环节的考核力度。

　　本书提供可直接使用的电子教案（PPT），以及教学案例集（包括全书所有实例的源代码、各章的实训题目及习题答案）。所有源代码均在 Visual C++ 6.0 下运行通过。有需要的读者可从中国电力出版社教材中心网站下载，或直接与作者联系，联系方式：yhk1968@126.com。下表给出了本书内容的参考学时分配。

授　课　内　容	40 学时	60 学时	90 学时
第 1 章　初识 C 语言	2	2	2
第 2 章　数据类型和数据运算	4	4	4
第 3 章　顺序结构	4	4	6
第 4 章　选择结构	6	6	10
第 5 章　循环结构	6	8	10
项目 1　简单计算器	2	2	2
第 6 章　数组	6	8	10
第 7 章　函数	6	6	10
第 8 章　指针	选学	选学	10

授 课 内 容	40 学时	60 学时	90 学时
项目 2　学生成绩统计	4	4	4
第 9 章　复杂数据类型	选学	6	8
第 10 章　文件		6	8
项目 3　学生成绩管理系统		4	6

　　参加本书编写的人员有姚宏坤、冯玉东、熊富琴、杨斌、龚民、左红岩、刘玉洁、王晓燕、胡天濡。本书由秦昌平主审。

　　本书编写过程中，参考了大量的文献资料，在此对这些文献资料的作者表示诚挚的谢意！限于编者水平，书中错漏和不足之处在所难免，恳请广大读者批评指正。

编　者

2013 年 8 月

全国电力高职高专"十二五"系列教材　　工科基础课系列教材

C语言程序设计与项目开发教程

目　　录

中　级　篇

提　高　篇

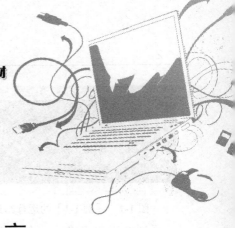

基 础 篇

第1章　初识 C 语言

【知识目标】

C 语言程序的格式和构成。

C 语言的开发环境。

【技能目标】

掌握 C 语言源程序的编译流程。

熟练掌握 Visual C++ 6.0 开发环境下程序的编辑、编译、连接和执行操作。

1.1　简单的 C 语言程序

C 语言是一种面向过程的程序设计语言。它适合作为系统描述语言，既可以用来编写系统软件，也可以用来编写应用软件。它是人与计算机交流的工具，具有结构清晰、语法简练、功能强大、可移植性好、编译效率高、运行速度快等特点。学习 C 语言最重要的是领会程序设计的要旨，领会计算思维，需要在不断的程序设计实践中用心体会，多多编程。

1.1.1　简单的 C 语言程序

下面通过一个简单的程序实例，来体验一下用 C 语言编写的程序。

【例 1-1】　编写一个 C 语言程序，在显示器上输出"Hello World!"。

```
/*
    源文件名:ch1-1.c
    功能:输出 Hello World!
*/
#include  <stdio.h>
void main()
{
    printf("Hello World!\n");          //在显示器上输出 Hello World!
}
```

程序执行后，输出结果如图 1-1 所示。

下面是对这个程序的一些解释，读者目前只需在表面上了解，暂且不必深究，随着以后学习的深入，会逐渐加深对程序的理解。

图 1-1　[例 1-1] 的运行结果

（1）C 语言程序是由函数组成的。函数就是一段完成特定功能的独立程序段。本程序由一个 main 函数组成。其中，"void main(){...}" 是程序的主体，main() 表示主函数，main 是它的函数名。

（2）一个完整的程序必须有一个 main 函数，程序总是从 main 函数开始执行，即程序的入口。

（3）程序中由一组大括号 {} 括起来的是函数体，由一系列的语句组成。一个语句可以按一定规则分成多行，也可以一行写多个语句，每一个语句以分号结束。

（4）"/*...*/" 表示注释部分，目的是提高程序的可读性。注释分为行注释和块注释，行注释用 "//" 表示，它的范围只到本行结束，不允许跨行。块注释用 "/*…*/" 表示。两种注释均可以加在程序中的任何位置。但通常情况下，行注释写在每行的右侧，块注释写在需要说明代码块的上部。

（5）程序中 printf() 是系统提供的标准输出函数，它的作用是在屏幕上输出指定的内容。"printf("Hello World!\n: ");" 在屏幕上产生一行输出 "Hello World!"，并换行（\n）。

【例 1-2】　编写一个 C 语言程序，计算并输出两个整数的和。

```
/*
    源文件名:ch1-2.c
    功能:输出两整数的和
*/
#include  <stdio.h>
void main()
{
    int num1,num2,sum;                  //定义 3 个整型变量
    printf("请输入第一个整数:");          //调用 printf 函数输出提示信息
    scanf("%d",&num1) ;                 //调用 scanf 函数,从键盘上输入整数并赋值给 num1
    printf("请输入第二个整数:");          //输出提示信息
    scanf("%d",&num2);                  //从键盘上输入整数并赋值给 num2
    sum=num1+num2;                      //求存放在 num1 和 num2 中的两数之和,并赋值给 sum
    printf("两数之和为:%d\n",sum);        //在显示器上输出两数之和,即 sum 中的值
}
```

程序执行后，输出结果如图 1-2 所示。

上述程序中：

（1）#include 语句是编译预处理命令，放在源程序的最前面，其末尾不带分号。它的作用是将由双引号或尖括号括起来的文件内容代替本行。".h" 是 "头文件" 的后缀，"stdio.h" 文件中包含所有的标准输入/输出函数信息。在程序中用到系统提供的标准函数库中的输入/输出函数时，应在程序的开头写上这一行命令。

图 1-2　[例 1-2] 的运行结果

（2）编写程序时首先应该考虑要用到的数据个数，[例 1-2] 使用到 3 个数（即被加数、加数、和），所以应先定义 3 个变量。"int num1，num2，sum;" 的作用就是定义 3 个存放整数的变量，变量的名称分别为 num1、num2、sum，类型都是整型，其中 int 表示整型。

（3）程序中 scanf()函数的作用是从键盘上为变量 num1、num2 输入值，其中"&"不能省略，代表"取地址"。

1.1.2　C 语言程序的结构

通过以上两个例子的分析，C 语言程序的一般结构示意图如图 1-3 所示。

注释区			`/*`
			　　源文件名：`ch1-1.c`
			　　功能：显示`Hello World!`
			`*/`

声明区			`#include <stdio.h>`
程序区	主函数	函数首部	`void main()`
		函数体 函数开始	`{`
		声明部分	
		执行部分	`printf("Hello World!\n");`
		函数结束	`}`
	其他函数		结构同 `main()` 主函数

图 1-3　C 语言程序的结构示意图

程序编写好后，需要以文件形式保存在磁盘上，以便长期保存和修改。以".c"为扩展名的文件就保存着 C 语言程序。用任何文本编辑工具打开这种文件，都可以查看、编辑程序的内容。图 1-3 中程序注释区的"源文件名：ch1-1.c"就是说明文件名的。

1.2　创建和运行一个 C 语言程序

我们以上一节介绍的［例 1-1］程序为例，动手经历一下 C 语言程序设计的实际过程。众所周知，支持 C 语言的编译器有很多种，如 Turbo C、Visual C++、Borland C 等。目前，Visual C++已是被广泛应用的程序开发平台，越来越多的学校采用它作为 C/C++程序设计课程的教学平台。创建该程序涉及的过程和步骤如下。

（1）打开 Microsoft Visual C++工作界面，如图 1-4 所示。

（2）创建 C 语言程序。打开"文件"菜单，单击"新建"命令。选择"文件"选项卡，单击 C++ Source File 选项，如图 1-5 所示。

（3）在"文件名"文本框中输入"ch1-1.c"；在"位置"文本框中，通过单击其后的"浏览"按钮，选择文件存放的路径，然后单击"确定"按钮，显示的对话框如图 1-6 所示。

（4）编辑、保存 C 语言程序。输入程序的全部内容，如图 1-7 所示，在输入的时候不要输入中文标点符号。打开"文件"菜单，单击"保存"命令，把输入的内容保存到 ch1-1.c 文件中。

（5）编译。打开"组建"菜单，单击"编译"命令，如图 1-8 所示。窗口下部的显示框内最后一行说明在程序中发现了多少错误。如果不是"0 error（s），0 warning（s）"，则要检查输入的程序，纠正错误，再重复此步骤，直到没有错误为止。在当前工作目录下将产生一个扩展名为".obj"的目标程序文件。本例目标文件为 ch1-1.obj。

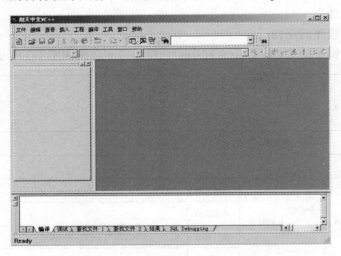

图 1-4　Microsoft Visual C++界面

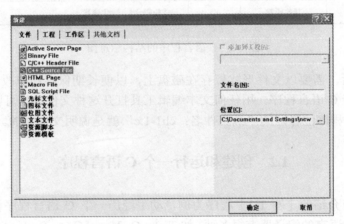

图 1-5　"文件"选项卡

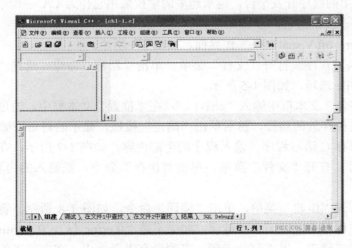

图 1-6　编辑模式下的 Visual C++

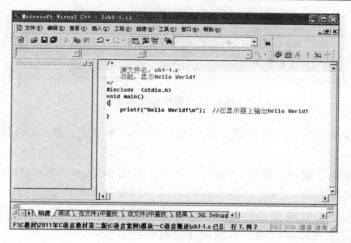

图 1-7 输入、保存程序

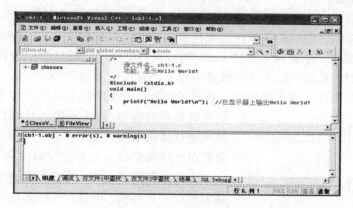

图 1-8 编译 C 源代码

（6）连接。打开"组建"菜单，单击"组建"命令，生成可执行文件 ch1-1.exe，如图 1-9 所示。

图 1-9 通过连接生成可执行程序

（7）执行。打开"组建"菜单，单击"执行"命令，其运行结果如图 1-10 所示。

图 1-10　程序运行结果

观察程序运行结果后，按任意键，运行窗口消失。本书中，我们编写的 C 语言程序都是这样编辑运行的。

（8）打开"文件"菜单，单击"退出"命令，关闭 Microsoft Visual C++ 6.0。

从以上举例可以看出，创建 C 语言程序有以下四个基本阶段或步骤。

（1）编辑。创建和编辑 C 语言源代码，生成扩展名为".c"的 C 语言源程序。源程序是以 ASCII 码的形式输入和存放的，不能被计算机执行。

（2）编译。将编辑好的源程序翻译成机器语言（二进制的目标代码），在编译过程中检测及报告代码中的错误。编译无错后将生成扩展名为".obj"的目标文件。

（3）连接。将编译生成的各模块与系统提供的库函数和包含文件（"#include"命令所包含的文件）等连接成一个扩展名为".exe"的可执行文件。连接过程中也可以检测并报告错误。例如，程序中的某部分缺失了，或者引用了不存在的库组件等。

（4）执行。可执行文件连接好后，就可以执行。这个阶段仍可能产生各种各样的错误，如生成错误的输出、程序不能运行、计算机什么也不做、甚至使计算机崩溃，无所不有。一旦出现这些情况，就需要返回编辑阶段，检查源代码。

图 1-11　C 语言程序实现过程示意图

无论在任何环境中，用何种编译语言，开发程序的基本过程都是编辑、编译、连接和执行。图 1-11 总结了开发 C 语言程序的全过程。

1.3　本　章　小　结

1.3.1　知识点

本章主要介绍了 C 语言程序的结构和创建 C 语言程序的步骤与方法。本章的知识结构如表 1-1 所示。

表 1-1　　　　　　　　　　　　　　　　　　本 章 知 识 结 构

C 语言程序的结构	注释区	解释和说明作用
	声明区	包括编译预处理
	程序区	主函数：函数首部、函数体（函数开始、声明部分、执行部分、函数结束）
		其他函数
创建 C 语言程序的步骤	编辑	创建扩展名为.c 的 C 语言源程序
	编译	将.c 程序翻译成.obj 目标文件
	连接	生成.exe 文件
	执行	执行连接好的 C 语言程序

1.3.2 常见错误

1. C 语言程序结构的错误

函数是构成 C 语言程序的基本单位。一个 C 语言源程序至少要包含一个 main 函数，它是 C 语言程序的唯一入口和出口，也可以包含若干个其他函数。函数的书写格式：函数名（参数）{函数体}，书写时大括号{}应成对出现，缺一不可。

2. C 语言程序注释的错误

C 语言程序的注释可以增强程序的可读性，主要功能是版本声明、函数接口声明和代码提示等。分为单行注释 "//" 和多行注释 "/*...*/" 两种形式，"/" 和 "*" 之间不允许有空格。

3. C 语言程序执行的错误

C 语言程序执行前必须进行编译、连接，将错误排除后方可正常运行，不能直接运行 C 语言源程序。

1.4 课 后 练 习

一、选择题

1. C 语言是由_____组成的。
   A. 子程序
   B. 过程
   C. 函数
   D. 主程序和子程序
2. C 语言程序中主函数的个数_____。
   A. 可以没有
   B. 可以有多个
   C. 有且只有一个
   D. 以上叙述均不正确
3. 下面叙述不正确的是_____。
   A. 一个 C 语言源程序可以由一个或多个函数组成
   B. 一个 C 语言源程序必须包含一个 main 函数
   C. 在 C 语言程序中，注释说明只能位于一条语句的后面
   D. C 语言程序的基本组成单位是函数
4. 一个 C 语言程序的执行是从_____。
   A. 本程序文件的第一个函数开始，到本程序文件的最后一个函数结束
   B. 本程序的 main 函数开始，到 main 函数结束
   C. 本程序的 main 函数开始，到本程序文件的最后一个函数结束
   D. 本程序文件的第一个函数开始，到本程序 main 函数结束

二、填空题

1. C 语言源程序的每一条语句都是以_____结束。
2. 开发 C 语言程序的步骤有_____、_____、_____、_____四步。
3. C 语言程序注释有两种方法，一种是_____，另一种是_____。
4. C 语言源文件的扩展名是_____，编译生成的目标文件扩展名是_____，连接生成的可执行文件的扩展名是_____。
5. 填写如图 1-12 所示的图形框中的内容，指出程序中各部分的作用。

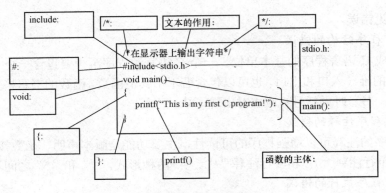

图 1-12　图形柜

三、分析下面程序的运行结果

```c
#include <stdio.h>
void main()
{
    printf("I love China!\n");
    printf("we are students\n");
}
```

四、编写程序

编写一个 C 语言程序，输出以下信息：

```
* * * * * * * * * * * * * * * * * * * *
    I  am  a  student !
* * * * * * * * * * * * * * * * * * * *
```

1.5　综　合　实　训

【实训目的】

（1）掌握 C 语言程序的各个实现环节。

（2）学习 C 语言程序中错误的修改方法。

（3）编写自己的第一个 C 语言程序。

【实训内容】

实训步骤及内容	题 目 解 答	完成情况
准备阶段： （1）在磁盘上建立工作目录。 （2）启动 Visual C++ 6.0。 （3）书写创建一个 C 语言程序的步骤		
实训内容： 1．熟悉 Visual C++ 环境（程序名：lx1-1.c）。 （1）在 Visual C++ 编辑环境中输入［例 1-1］。 （2）进行编译、连接和执行，并记录运行结果。 （3）分析：如果省略该程序第一行 　#include <stdio.h> 其结果如何？说明其原因		

实训步骤及内容	题　目　解　答	完成情况

2.按照原样输入下面程序，分析并修改程序中的错误（程序名：lx1-2.c）。
#include <stdio.h>;
void main()
{
printf("I love China!\n")
}		

3. 编写一个 C 语言程序，输出你的姓名和地址（程序名：lx1-3.c）		
实训总结： 分析讨论如下问题： （1）建立 C 语言程序的基本步骤和关键问题。 （2）C 语言程序的结构和应当注意的事项		

1.6　知　识　扩　展

1. 程序和算法

"程序"一词来自于生活，通常指完成某些事务的一种既定方式和过程。可以将程序看成对一系列动作执行过程的描述。日常生活中可以找到许多"程序"实例。例如去银行取钱的行为可以描述为

（1）带上存折去银行；

（2）填写取款单；

（3）将存折和取款单递给银行职员；

（4）银行职员办理取款事宜；

（5）拿到钱；

（6）离开银行。

日常生活中程序性活动的情况与计算机里的程序执行很相似，这一情况可以帮助我们理解计算机的执行方式。

人们使用计算机，就是要利用计算机处理各种不同的问题。不要忘记计算机是机器，需要人们告诉它们工作的内容和完成工作的方法。为使计算机能按照人的指挥工作，计算机提供了一套指令，其中每一种指令对应着计算机能执行的一个基本动作。为让计算机完成某项任务而编写的逐条执行的指令序列就称为程序。在解决数学问题时，程序就是解决数学问题的步骤。例如求两数之和的解决步骤如下。

（1）获得要计算的数；

（2）求出两数之和；

（3）显示计算结果。

为了让计算机能够准确无误地完成任务，人们就必须事先对各类问题进行分析，确定解决问题的具体方法和步骤，再编制好一组让计算机执行的指令，交给计算机，让计算机按人们指定的步骤有效地工作。这些具体的方法和步骤，其实就是解决一个问题的算法。由此可见，程序设计的关键之一就是设计解题的方法与步骤，即算法。算法可以有许多种不同的形式表达，像上面那样用（1）、（2）、（3）逐条列出，是一种用自然语言形式描述的算法。这种

形式能够让人理解，而程序是能够让计算机理解和执行的，因此，前者往往不那么精确，语法、格式可以比较自由，后者则必须符合一套严格的语法规范。我们在学习和实践中必须充分重视，直到熟悉并掌握它。

示例 1：用自然语言描述求解一位学生 3 门课程的考试成绩和平均分的算法。

（1）获得要计算的 3 个数；

（2）求出 3 个数之和；

（3）把和除以 3；

（4）显示和及平均分。

示例 2：用自然语言描述求解圆的面积和周长的算法。

（1）获得圆的半径 r；

（2）求出圆的面积 $s=\pi r^2$；

（3）求出圆的周长 $l=2\pi r$；

（4）显示圆的面积和周长。

这个示例采用了代数符号来表示数据和运算，使叙述变得简洁、精确。

示例 3：用自然语言描述求解一元二次方程的算法。

（1）获得一元二次方程 $ax^2+bx+c=0$ 的 3 个系数 a、b、c；

（2）计算 $d=b^2-4ac$，得到中间结果 d；

（3）计算 d 的算术平方根 $s=\mathrm{sqrt}(d)$；

（4）分别计算 $x_1=(-b+s)/(2a)$ 和 $x_2=(-b-s)/(2a)$；

（5）显示一元二次方程的两个根。

2. 文件包含

文件包含是指一个源文件可以将另一个源文件的整个内容嵌入进来。文件包含的形式有两种。

格式一：#include <文件名>

格式二：#include "文件名"

其中：

（1）文件名可以包含文件路径。

（2）格式一：系统到存放 C 语言库函数头文件的目录中寻找要包含的文件，这称为标准方式。

格式二：先在用户当前目录中寻找要包含的文件，如果找不到，再按指定的标准方式查找（即再按格式一的方法查找）。

（3）一般情况下，使用用户自己编写的头文件时用""，使用系统提供的标准头文件时用<>。

3. Visual C++集成开发环境

程序设计需要经过一系列的步骤，这些步骤中有一些需要使用工具软件。例如，程序的输入和修改需要文字编辑软件，编译需要编译软件等。集成开发环境（Integrated Developing Environment，IDE）就是一个综合性的工具软件，它把程序设计全过程所需的各项功能集合在一起，为程序设计人员提供完整的服务。Visual C++ 6.0 就是这样一种集成开发环境。

（1）主窗口。Visual C++ 6.0 集成开发环境的主窗口如图 1-13 所示。

工具栏　　　工作区窗口　　　菜单栏　　　　　源程序编辑窗口

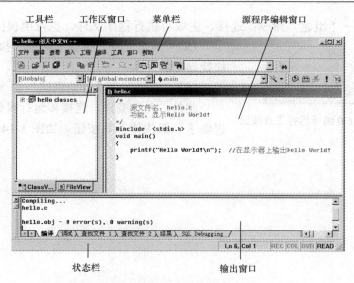

状态栏　　　　　　　　　　　　　　　　输出窗口

图 1-13　Visual C++ 6.0 集成开发环境的主窗口

1）工作区窗口：Visual C++以工程工作区的形式组织文件、工程和工程设置。工作区窗口中显示当前正在处理的工程基本信息，通过窗口下方的选项卡可以使窗口显示不同类型的信息。

2）源程序编辑窗口：输入、修改和显示源程序的场所。

3）输出窗口：在编译、连接时显示信息的场所。

4）状态栏：显示当前操作或所选择命令的提示信息。

（2）主要菜单功能。

1）"文件"→"新建"命令：创建一个新的文件、工程或工作区，其中"文件"选项卡用于创建文件，包括".c"为扩展名的文件；"工程"选项卡用于创建新工程。

2）"文件"→"打开"命令：在源程序编辑窗口中打开一个已经存在的源文件或其他需要编辑的文件。

3）"文件"→"关闭"命令：关闭在源程序编辑窗口中显示的文件。

4）"文件"→"打开工作区"命令：打开一个已有的工作区文件，实际上就是打开对应工程的一系列文件，准备继续对此工程进行工作。

5）"文件"→"保存工作区"命令：把当前打开的工作区的各种信息保存到工作区文件中。

6）"文件"→"关闭工作区"命令：关闭当前打开的工作区。

7）"文件"→"保存"命令：保存源程序编辑窗口中打开的文件。

8）"文件"→"另存为"命令：把活动窗口的内容另存为一个新的文件。

9）"查看"→"工作空间"命令：打开、激活工作区窗口。

10）"查看"→"输出"命令：打开、激活输出窗口。

11）"查看"→"调试窗口"命令：打开、激活调试信息窗口。

12）"工程"→"添加工程"→"新建"命令：在工作区中创建一个新的文件或工程。

13）"组建"→"编译"命令：编译源程序编辑窗口中的程序，也可用快捷键 Ctrl+F7。

14）"组建"→"组建"命令：连接、生成可执行程序文件，也可用快捷键 F7。

图 1-14　Visual C++ 6.0 编译运行工具按钮

15）"组建"→"执行"命令：执行程序，也可用快捷键 Ctrl+F5。

16）"组建"→"开始调试"命令：启动调试器。

此外，对于编译、连接和运行操作，Visual C++还提供了一组快捷工具按钮，如图 1-14 所示。

第2章

数据类型和数据运算

【知识目标】

C 语言的数据类型。

C 语言的常量表示方法。

C 语言变量的定义、初始化及使用的方法。

C 语言各种运算符的含义及使用方法。

C 语言各种表达式的含义及计算过程。

各种数据类型转换及其转换规则。

【技能目标】

掌握 C 语言各种基本数据类型的使用方法。

熟练掌握各种运算符的运算功能、操作数的类型及运算符的优先级和结合性。

2.1 任 务 导 入

✿【任务描述】

数字密码：为了保证信息安全，要对数字密码进行加密。密码是一个 4 位的整数。其加密规则如下：每位数字加上 5，然后用其除以 10 的余数代替该数字，再将第 1 位和第 4 位交换、第 2 位和第 3 位交换。要求：通过程序计算出新的密码。假定所给数字密码为 5973，程序运行结果如图 2-1 所示。

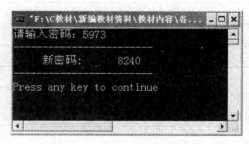

图 2-1　任务运行结果

🎧【提出问题】

（1）如何判断所给数据的数据类型？

（2）如何表示 C 语言中的常量？

（3）如何定义变量？

（4）如何表示加、减、乘、除、求余数运算符？

2.2 数 据 类 型

数据是程序处理的对象。要了解数据，一是要确定它属于哪种数据类型；二是要确定它是作为常量还是变量使用。那么，什么是数据类型呢？数据类型是指数据的内在表现形式。不同的数据类型在内存中的存储方式不同，在内存中所占的字节数也不相同。通俗地说，数据在加工计算中的特征就是数据类型。

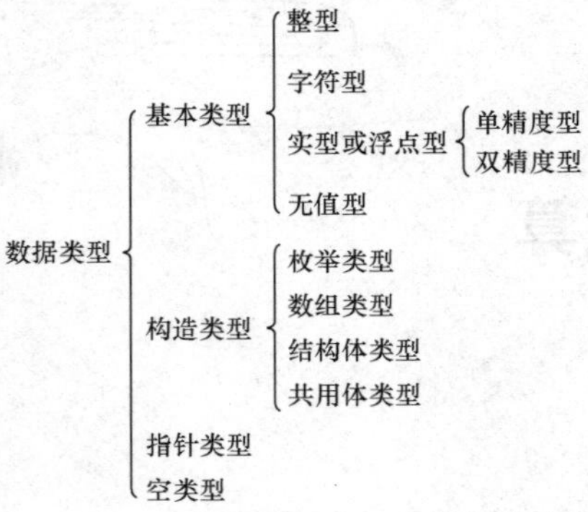

C 语言提供了 5 种基本数据类型：整型、字符型、单精度实型、双精度实型、无值类型和 6 种聚合类型：数组、指针、结构体、共用体、空类型和枚举。C 语言的数据类型如图 2-2 所示。

基本数据类型不可再分，它是构造其他数据类型的基础。

本节重点讨论前 4 种基本数据类型，其他数据类型将在后续章节介绍。

表 2-1 列出了 C 语言中常用的基本数据类型的存储方式和取值范围（Visual C++ 6.0 环境中）。

图 2-2　C 语言的数据类型

表 2-1　　　　　　　C 语言言基本数据类型的存储方式和取值范围

名　称	类型说明符	字节数	取 值 范 围
整型	int	4	$-2\ 147\ 483\ 648 \sim 2\ 147\ 483\ 647$
无符号整型	unsigned int	4	$0 \sim 4\ 294\ 967\ 295$
短整型	short int	2	$-32\ 768 \sim 32\ 767$
无符号短整型	unsigned short	2	$0 \sim 65\ 535$
长整型	long int	4	$-2\ 147\ 483\ 648 \sim 2\ 147\ 483\ 647$
无符号长整型	unsigned long	4	$0 \sim 4\ 294\ 967\ 295$
单精度	float	4	$3.4 \times 10^{-38} \sim 3.4 \times 10^{38}$
双精度	double	8	$1.7 \times 10^{-308} \sim 1.7 \times 10^{308}$
字符型	char	1	$-128 \sim 127$
无符号字符型	unsigned char	1	$0 \sim 255$

【例 2-1】 分析下列情况的数据适合使用什么类型。

（1）学生的年龄和成绩。

（2）学生的姓名和性别。

分析结果如表 2-2 所示。

表 2-2　　　　　　　　　　［例 2-1］分析结果

学生信息	姓　名	性　别	年　龄	成　绩
数据类型	字符串	字符型	整型	实型

其中，学生的年龄和成绩都可以进行加、减等算术运算，具有一般数值的特点，在 C 语言中称为数值型。其中年龄是整数，所以称为整型；成绩一般为实数，所以称为实型。又如学生的姓名和性别，是不能进行加、减等运算的，这种数据具有文字的特性。其中，姓名是由多个字符组成的，在 C 语言中称为字符串；性别可以用单个字符表示，这在 C 语言中称为

字符型数据。例如，可以用'M'表示男性，'F'表示女性。

2.3　常 量 与 变 量

2.3.1　标识符

标识符是给程序中各种常量、变量、函数、文件等起名字用的，有了名字才能方便地使用这些实体。C 语言对标识符命名有如下的规则。

➢　标识符必须以字母或下划线开头，后跟字母、数字或下划线组成的字符序列。
　　　合法的标识符如：count、_getvalue、round_2 等。
　　　不合法的标识符如：5_num、$200、a-b-c1 等。
➢　标识符不能和 C 语言中的关键字相同。C 语言关键字见附录 B。
　　　关键字是指 C 语言中已经预先使用并赋予固定含义、用途的标识符，如 int 在 C 语言中被用来表示整型数据，这时就不能使用 int 来命名其他实体了。
➢　虽然 C 语言中没有对标识符的长度进行限制，但是建议一般不要超过 31 个字符。
➢　C 语言是区分字母大小写的，所以 number 和 NUMBER 是不同的。

2.3.2　常量

常量指的是在程序执行的过程中，其值不能改变的量。

常量可分为不同的类型，如图 2-3 所示。

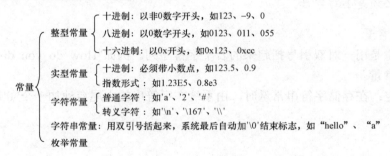

图 2-3　常量的分类

1. 整型常量

整型常量可以用十进制、八进制和十六进制来表示。

（1）十进制整型常量由 0～9 的数字组成，没有前缀，不能以 0 开始，没有小数部分，有正负之分。例如，248，–987，202。

（2）八进制整型常量，以 0 为前缀，其后由 0～7 的数字组成，没有小数部分，不能带符号。例如，1106，047，0123。

（3）十六进制整型常量，用 0x 或 0X 为前缀，其后由 0～9 的数字和 A～F（大小写均可）的字母组成，没有小数部分，不能带符号。例如，0x3A，0x66，0xFE。

程序中根据前缀来区分各种进制数，因此在书写常量时不要把前缀搞错了，造成结果的不正确。

2. 实型常量

实型常量是由整数部分和小数部分组成，实型常量有以下两种表示方式。

（1）小数表示法，由整数部分和小数部分组成。例如，78.3、–123.0、0.0。

（2）指数表示法，在小数表示法后加 e（E）及指数部分，常用来表示很大或很小的数。在此要注意的是，e（E）前面必须有数字，指数部分可正可负，但都是整数。例如，3.2E-5、3e6。

3. 字符型常量

字符型常量是用单引号括起来的一个字符，在内存中占 1 字节。

字符型常量分为普通字符和转义字符，常用的转义字符见表 2-3。

表 2-3　　　　　　　　　　　　　常 用 的 转 义 字 符

字符形式	说　　明	字符形式	说　　明
\n	换行	\f	走纸换页
\t	横向跳格	\\	反斜杠字符"\"
\v	竖向跳格	\'	单引号字符
\b	退格	\0	空字符
\r	回车	\"	双引号字符
\ddd	1～3 位八进制数所代表的字符	\xhh	1～2 位十六进制数所代表的字符

注 意

转义字符必须是小写字母。

4. 字符串常量

字符串常量是用一对双引号括起来的若干字符序列。例如"How do you do."、"Student."等都是字符串常量。

C 语言规定：在存储字符串常量时，由系统在字符串的末尾自动加一个'\0'作为字符串的结束标志。

注 意

字符常量和单字符的字符串是不一样的，如'X'与"X"是两个不同的常量，前者占用 1 字节，后者占用 2 字节。

5. 符号常量

C 语言中的常量常用符号常量来表示，即用一个与常量相关的标识符来代替常量出现在程序中，这种相关的标识符称为符号常量。符号常量的定义方法通常使用#define 命令定义。例如 #define　PI　3.1415926

这里的 PI 就是符号常量，它代表字符串 3.1415926，预编译时将源程序中所有 PI 出现的位置用字符串 3.1415926 来替换。符号常量也是常量，所以不能在程序中修改。符号常量用大写字母表示。

使用符号常量的优点如下：

（1）可提高源程序的可维护性。

（2）可提高源程序的可移植性。

（3）减少源程序中重复书写字符串的工作量。

2.3.3　变量

变量代表具有特定属性的内存空间，用来存放数据，即变量的值。例如，若想将 12 和 34 保存在计算机中，就必须使用两个变量 num1 与 num2 来存放。在程序运行期间，变量的值可以改变。每个变量都有一个名字，用以相互区分，变量的命名应按照标识符的命名规则，严格区分大小写。变量代表相应的存储单元，由变量名、变量的值和存储地址三要素组成，如图 2-4 所示。

在 C 语言中，变量必须"先定义后使用"。一条变量定义语句由数据类型和其后的一个或多个变量名组成，每个变量名之间使用逗号隔开，格式为

图 2-4　变量的三要素

　　数据类型　变量名表；
变量的存储地址使用"&变量名"获取。

变量根据数据类型不同，可以分为整型变量、实型变量和字符型变量。

变量的定义（也称变量声明）、初始化与赋值如表 2-4 所示。变量的初始化是指在定义变量的同时给变量赋初值。

表 2-4　　　　　　　　　　　　　变量的定义、初始化与赋值

	整　型	单精度型	双精度型	字符型
定义	int a,b;	float a,b;	double x,y;	char ch;
初始化	int a=1,b=2;	float a=2.3,b=-0.9;	double x=7.8,y=87.6;	char ch='k';
赋值	a=10;b=20;	a=7.2;b=4.5;	x=77.6;	ch='d';

变量定义的一般形式为：类型说明符　变量名标识符，变量名标识符，…;

在书写变量定义时，应注意以下几点。

（1）允许在一个类型说明符后，定义多个相同类型的变量，各变量名之间用逗号间隔。类型说明符与变量名之间至少用一个空格间隔。

（2）最后一个变量名之后必须以"；"号结尾。

（3）变量定义必须放在变量使用之前，一般放在函数体的开头部分。

1．整型变量

整型变量的基本类型说明符为 int。根据数值的范围，可将整型变量定义为基本整型、短整型、长整型和无符号整型。

【例 2-2】　整型变量示例。

```
/*
    源文件名：ch2-2.c
    功能：整型变量示例
*/
#include<stdio.h>
void main()
{
    int n1,n2,n3,n4;              //定义 n1,n2,n3,n4 为整型变量
    unsigned u;                   //定义 u 为无符号整型变量
    n1=12; n2=-24; u=10;
```

```
    n3=n1+u;n4=n2+u;
    printf("n1+u=%d,n2+u=%d\n",n3,n4);
}
```

运行结果如图 2-5 所示。

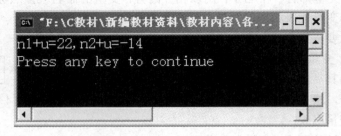

图 2-5　　［例 2-2］的运行结果

2. 实型变量

实型变量分为单精度（float 型）、双精度（double 型）和长双精度（long double 型）3 类。

【**例 2-3**】　实型变量示例。

```
/*
    源文件名：ch2-3.c
    功能：实型变量示例
*/
#include  <stdio.h>
void main()
{
    float x;                        //定义单精度实型变量
    double y;                       //定义双精度实型变量
    x=55555.55555;                  //为变量 x 赋值
    y=55555.55555555555;            //为变量 y 赋值
    printf("x=%f\ny=%lf\n",x,y);    //在显示器上输出变量 x、y 的值
}
```

运行结果如图 2-6 所示。

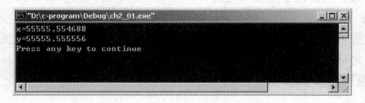

图 2-6　　［例 2-3］的运行结果

从本例中可以看出，由于 x 是单精度型，有效位数只有 7 位。而整数已占 5 位，故小数点两位之后均为无效数字。y 是双精度型，有效位为 16 位。小数点后保留位数最多 6 位，其余部分四舍五入。

3. 字符型变量

字符型变量（简称字符变量）主要用来存储字符常量，即单个字符。字符变量的类型说明符是 char。例如，char ch;或 char ch='a';。

【例 2-4】 字符型变量示例。

```
/*
    源文件名：ch2-4.c
    功能：字符型变量示例
*/
#include  <stdio.h>
void main()
{
    char ch1,ch2;                    //定义两个字符型变量 ch1、ch2
    ch1=97;ch2=65;                   //为字符型变量赋整数值
    printf("%c,%c\n",ch1,ch2);       //将字符型变量按字符型输出
    printf("%d,%d\n",ch1,ch2);       //将字符型变量按整型输出
}
```

运行结果如图 2-7 所示。

图 2-7   ［例 2-4］的运行结果

从本例运行结果看 ch1、ch2 值的输出形式取决于 printf 函数的格式控制字符串中的格式字符，当格式字符为"%c"时，对应输出的变量值为字符，当格式字符为"%d"时，对应输出的变量值为十进制整数。因此字符型和整型间可进行算术运算。如修改上述程序，为 ch1 和 ch2 重新赋值：

```
ch1='a'+5;                           //等同于：ch1=97+5;
ch2='A'-4;                           //等同于：ch2=65-4;
```

【例 2-5】 把小写字母转换成大写字母。

```
/*
    源文件名：ch2-5.c
    功能：把小写字母转换成大写字母
*/
#include  <stdio.h>
void main()
{
    char ch1,ch2;
    ch1='x';ch2='y';
    ch1=ch1-32;ch2=ch2-32;
    printf("%c,%c\n",ch1,ch2);
    printf("%d,%d\n",ch1,ch2);
}
```

运行结果如图 2-8 所示。

图 2-8 ［例 2-5］的运行结果

📝 **注意**

C 语言没有专门的字符串变量，可以用字符数组来实现。字符数组将在数组一章中介绍。

2.4 运算符与表达式

在 C 语言中，对常量或变量的处理是通过运算符来实现的。常量和变量通过运算符组成 C 语言的表达式，表达式是语句的一个重要组成要素。C 语言提供的运算符很多，所以由运算符构成的表达式种类也很多。本节重点介绍算术运算、赋值运算和逗号运算。

2.4.1 算术运算符与算术表达式

算术运算符包括单目运算符、双目运算符两类。

1. 双目运算符

双目运算符及其示例如表 2-5 所示。

表 2-5 双 目 运 算 符

运算符	名 称	运算规则	运算对象	运算结果	举 例	表达式值
*	乘	乘法	整型或实型	整型或实型	2.5*3.0	7.5
/	除	除法			2.5/5	0.5
%	模（求余）	整数取余	整型	整型	10%3	1
+	加	加法	整型或实型	整型或实型	2.5+1.3	3.8
−	减	减法			2.5−1.3	1.2

📝 **注意**

双目运算符优先级：*、/、%同级，+、−同级，并且前者高于后者。两个整数相除的结果仍为一个整数。例如，13/5 的值为 2，而不是 2.6。"%"运算符要求其两侧均为整型，例如，2.8%2 是不合法的，必须为（int）2.8%2。

2. 单目运算符

单目运算符及其示例如表 2-6 所示。

表 2-6 单 目 运 算 符

运算符	名 称	运算规则	运算对象	运算结果	举 例	x 的值	a 的值
−	取负	取负值	整型或实型	整型或实型	a=1; x=−a;	x=−1	a=1
++	增 1（前缀）	先增值后引用	整型、字符型或实型变量	整型、字符型或实型变量	a=1; x=++a;	x=2	a=2

续表

运算符	名　称	运算规则	运算对象	运算结果	举　例	x 的值	a 的值
++	增 1（后缀）	先引用后增值	整型、字符型或实型变量	整型、字符型或实型变量	a=1；x=a++；	x=1	a=2
−−	减 1（前缀）	先减值后引用			a=1；x=−−a；	x=0	a=0
−−	减 1（后缀）	先引用后减值			a=1；x=a−−；	x=1	a=0

📝 **注　意**

自增和自减运算符中的 4 个符号同级，且高于取负运算符，只作用于变量，不能作用于常量和表达式。单目运算符优先级高于双目运算符。

【例 2-6】 自加、自减运算示例。

```
/*
    源文件名：ch2-6.c
    功能：自加、自减运算
*/
#include<stdio.h>
void main()
{
    int i=5;                    //设 i 的初值为 5
    printf("%d\n",++i);         //i 先加 1 后再输出,故为 6
    printf("%d\n",--i);         //i 先减 1 后再输出,故为 5
    printf("%d\n",i++);         //先输出 i 的值 5,然后 i 再加 1,i 为 6
    printf("%d\n",i--);         //先输出 i 的值 6,然后 i 再减 1,i 为 5
    printf("%d\n",-i++);        //输出-5 之后,i 再加 1(i 为 6)
    printf("%d\n",-i--);        //输出-6 之后,i 再减 1(i 为 5)
}
```

运行结果如图 2-9 所示。

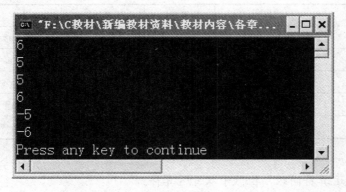

图 2-9　［例 2-6］的运行结果

3. 算术表达式

由算术运算符连接起来的运算式称为算术表达式。例如，a+b、5.6/8 等均为算术表达式。使用算术运算符时，应注意以下几点。

（1）乘法运算符"*"在表达式中既不能省略，也不能用"."或"×"代替；除法运算符不能用"÷"代替。

（2）C 语言没有乘方运算，当需要进行乘方运算时，可以通过连乘的方式来实现，也可以使用 C 语言编译系统提供的数学函数，如 pow（10，2）表示 10 的平方，pow（x，y）表示 x 的 y 次方。

（3）表达式中不允许使用方括号和花括号，但允许多重圆括号嵌套配对使用。例如，x*12/（4+2*（a+b））。

（4）算术表达式应能正确地表达数学公式。例如，数学表达式（a+b）/2c 对应的 C 语言算术表达式为（a+b）/（2*c）或（a+b）/2/c。

2.4.2　赋值运算符与赋值表达式

赋值运算符包括基本赋值运算符和复合赋值运算符两种。由赋值运算符组成的表达式称为赋值表达式。

1．基本赋值运算符

基本赋值运算符及其示例如表 2-7 所示。

表 2-7　　　　　　　　　　　　　　　　　基本赋值运算符

运算符	名　　称	运算规则	运算对象	运算结果	举　　例	表达式值
=	赋值	给变量赋值	任何类型	任何类型	a＝2;	2

📝 **注　意**

赋值运算符的优先级比较低，仅高于逗号运算符。它没有相等的意义，双赋值号"＝＝"表示相等。

2．复合赋值运算符

复合赋值运算符及其示例如表 2-8 所示。

表 2-8　　　　　　　　　　　　　　　　　复合赋值运算符

运算符	名　　称	运算规则	运算对象	运算结果	举　　例	表达式值
*=	自反乘	a*=b⇔a＝a*b	整型或实型	整型或实型	a=3；a*=2;	6
/=	自反除	a/=b⇔a＝a/b			a=3；a/=2;	1
%=	自反模	a%=b⇔a＝a%b	整型	整型	a=3；a%=2;	1
+=	自反加	a+=b⇔a＝a+b	整型或实型	整型或实型	a=3；a+=2;	5
—=	自反减	a—=b⇔a＝a—b			a=3；a—=2;	1

📝 **注　意**

5 个复合赋值运算符同级，但低于双目运算符。

【例 2-7】 复合赋值运算符示例。

```
/*
    源文件名：ch2-7.c
    功能：复合赋值运算符
*/
#include <stdio.h>
void main()
```

```
{
    int n1=4,n2=3,n3=2;
    n3*=(n1++)+(++n2);
    printf("n3=%d\n",n3);
}
```

运行结果如图 2-10 所示。

上例中表达式 n3*=（n1++）+（++n2）的运算结果等同于表达式 n3=n3*（（n1++）+（++n2））的运算结果。

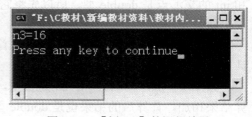

图 2-10　［例 2-7］的运行结果

2.4.3　逗号运算符与逗号表达式

C 语言还提供了一种被称为逗号运算符的特殊运算符，用它将两个或多个表达式连接起来，称为逗号表达式。逗号表达式的一般形式为

表达式 1，表达式 2，…，表达式 n

逗号表达式的求解过程为：自左向右，求解表达式 1，求解表达式 2，…，求解表达式 n。整个逗号表达式的值是表达式 n 的值。逗号运算符及其示例如表 2-9 所示。

表 2-9　　　　　　　　　　　　　　逗 号 运 算 符

运算符	名　称	运算规则	运算对象	运算结果	举　例	表达式值
,	逗号	求解每一个表达式的值	表达式	最后一个表达式的值	a=3*8，a+5	29

📝 注　意

逗号运算符的优先级最低，在只允许出现一个表达式的地方出现多个表达式时，常采用逗号表达式的形式。

2.4.4　数据之间的混合运算

变量的数据类型是可以转换的。转换的方法有两种：一种是自动转换，另一种是强制转换。

1. 自动转换

自动转换发生在不同数据类型的数据混合运算时，由编译系统自动完成。自动转换遵循以下规则，如图 2-11 所示。

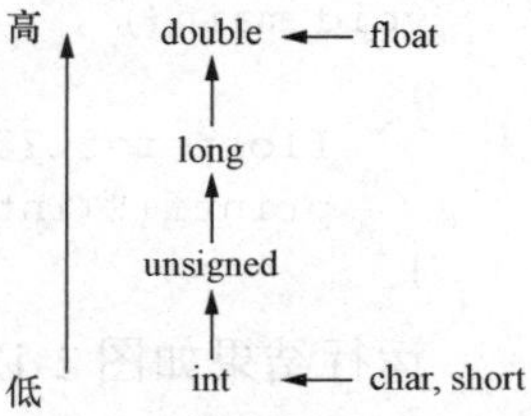

（1）若参与运算数据的类型不同，则先转换成同一类型，然后进行运算。

（2）转换按数据长度增加的方向进行，以保证精度不降低。例如，int 型和 long 型运算时，先把 int 型转换成 long 型后再进行运算。

（3）所有的浮点运算都是以双精度进行的，即使仅含 float 单精度量运算的表达式，也要先转换成 double 型，再进行运算。

（4）char 型和 short 型参与运算时，必须先转换成 int 型。

（5）在赋值运算中，赋值运算符两边的数据类型不同时，赋值运算符右边的类型将转换为左边的类型。当右边的数据类型长度比左边长时，将丢失一部分数据，这样会降低精度，丢失的部分按四舍五入向前舍入。

高　　double ← float
　　　　↑
　　　long
　　　↑
　　unsigned
　　　↑
低　　int ← char, short

图 2-11　自动转换规则

【例 2-8】 指定 m 为 int 型变量，n 为 float 型变量，b 和 d 为 double 型变量，e 为 long 型

变量，则表达式"m*n+'b'+24-d/e"在计算机中的运算次序是怎样的？

C 语言的执行是从左向右进行扫描的，该表达式的执行次序如下。

第一步：先计算 m*n，但 m 和 n 的类型不一样，根据图 2-11 所示的自动转换规则，float 和 int 的交汇点是 double 型，所以先将它们都转换为 double 型，再进行计算。m*n 的计算结果仍然是 double 型。

第二步：由于 b 为字符型，所以，首先将其转换为 double 型，再和第一步的结果相加，计算结果为 double 型。

第三步：顺序向右计算，24 是整型，首先将它转换成 double 型，转换后再和第二步的计算结果相加，计算后的结果也是 double 型。

第四步：由于"/"比"-"优先，因此先计算 d/e。由于 d 是 double 型，所以先将 e 转换成 double 型再进行"/"计算。最后再和前面表达式的结果进行"-"运算，最终的结果为 double 型。

2. 强制类型转换

强制类型转换是通过类型转换运算来实现的。

其一般形式为：（类型说明符） （表达式）

其功能是把表达式的运算结果强制转换成类型说明符所表示的类型。例如：

（float）a　　　　　（把 a 的值转换为实型）

（int）（x+y）　　　　（把 x+y 的结果转换为整型）

在使用强制类型转换时应注意以下问题。

（1）类型说明符和表达式都必须加括号（单个变量可以不加括号）。例如，把（int）（x+y）写成（int）x+y，则成了把 x 转换成 int 型之后再与 y 相加了。

（2）无论是强制转换还是自动转换，都只是为了本次运算的需要而对变量的数据长度进行的临时性转换，而不改变数据说明时对该变量定义的类型。

【例 2-9】　强制类型转换示例。

```
/*
    源文件名：ch2-9.c
    功能：强制类型转换
 */
#include<stdio.h>
void main()
{
    float f=5.75;
    printf("(int)f=%d,f=%f\n",(int)f,f);
}
```

运行结果如图 2-12 所示。

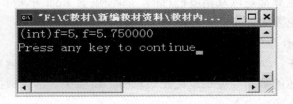

图 2-12　［例 2-9］的运行结果

本例表明，f 虽强制转换为 int 型，但只在运算中起作用，而 f 本身的类型并不改变。因此，（int）f 的值为 5（舍去了小数），而 f 的值仍为 5.75。

2.5　任　务　实　施

通过对 2.2～2.4 节的学习，我们了解了各种数据类型、运算符及表达式的使用方法。对 2.1 节任务中提到的问题，很容易在上文中找到答案。现在完成 2.1 节的任务。

2.5.1　任务分析

思路：根据用户输入的密码，经过计算得到 4 位密码的千位、百位、十位和个位；再根据计算得到新的密码。

下面先通过一个 3 位数 num 分析一下，如何求它的百位 b、十位 c 和个位 d。

（1）取得百位 b（3 位数的最高位）方法：通过"/"得到。即"b=num/100"。

（2）取得十位 c（3 位数的中间数字）方法：

　　方法一：通过先求高两位，再求最低位进行求解，即"c=num/10%10"。

　　方法二：通过求低两位，再求最高位求解，即"c=num%100/10"。

（3）取得个位 d（3 位数的最低位）方法：通过"%"得到。即"d=num%10"。

通过以上分析可得，对于任意一个 n 位数 num：

（1）求其最高位 m 的方法是"m=num/10^{n-1}"。

（2）求其最低位 h 的方法是"h=num%10"。

2.5.2　程序代码

```
/*
    源文件名：ct2-1.c
    功能：数字密码
*/
#include<stdio.h>
void main()
{
int pass,a1,a2,a3,a4,n1,n2,n3,n4,xpass;
                                     //pass 为密码变量,xpass 为新密码变量
printf("请输入密码：");
scanf("%d",&pass);
a1=pass/1000;                        //取得密码中的千位
a2=pass/100%10;                      //取得密码中的百位
a3=pass%100/10;                      //取得密码中的十位
a4=pass%10;                          //取得密码中的个位
n1=(a1+5)%10;                        //得到新密码的个位
n2=(a2+5)%10;                        //得到新密码的十位
n3=(a3+5)%10;                        //得到新密码的百位
n4=(a4+5)%10;                        //得到新密码的千位
xpass=n4*1000+n3*100+n2*10+n1;
printf("------------------------\n");
printf("新密码：%10d\n ",xpass);
printf("------------------------\n");
}
```

2.6 本 章 小 结

2.6.1 知识点

本章主要介绍了各种数据类型、运算符和表达式。同时还叙述了不同数据类型进行相互运算时的类型转换。本章的知识结构如表 2-10 所示。

表 2-10   本 章 知 识 结 构

数据类型	基本类型	整型、实型（单精度、双精度）、字符型、无值型
	构造类型	枚举型、数组、结构体、共用体
	指针类型	
	空类型	
运算表达式	算术表达式	加+、减−、乘*、除/、求余%、加 1 ++、减 1 −−、取负−
	赋值表达式	基本赋值=、复合赋值+=、−=、*=、/=、%=
	逗号表达式	表达式 1，表达式 2，…，表达式 n
数据类型转换	自动转换	由编译系统依据图 2-11 自动完成
	强制转换	（类型说明符）（表达式）

2.6.2 常见错误

1. main 函数的错误

（1）将 main 写成 Main。C 语言程序中必须有一个 main 函数。如果程序员将 main 函数写成了 Main 函数，不会存在语法错误，但却使程序缺少 main 函数，从而不能正常执行程序。因为 C 语言是大小写敏感的语言，Main 和 main 是不同的标识符。

（2）漏掉了 main 之后的()或{}。main 函数的正确格式为

```
main()
{…}
```

2. 变量定义及使用错误

（1）不定义变量就使用。C 语言规定，变量在使用之前必须先定义，下面的程序包含语法错误。

```
main()
{
    a=12;b=23;                    //变量 a、b 未定义
    printf("a=%d,b=%d",a,b);
}
```

（2）在执行部分定义变量。C 语言规定，函数由声明（定义）部分和执行部分组成，并且这两部分不能交叉，下面程序中变量 b 的定义放到了执行部分。

```
main()
{
int a;
a=30;
```

```
int b;
b=40;
printf("a=%d,b=%d",a,b);
}
```

（3）定义多个变量时，变量名之间必须用逗号分隔。但用户经常使用空格或分号分隔。以下定义的语句是错误的。

```
int a b;                //正确的写法：int a,b;
int a;b;                //正确的写法：int a,b;
```

（4）定义变量时数据类型关键字与变量名之间无空格。下面定义变量是错误的。

```
inta;                   //正确的写法：int a;
```

编译器将认为 inta 是一个正确的标识符。

3．字符型数据的错误

（1）书写字符常量时漏掉了单引号。例如，"char ch=A;"大写字母 A 应写成'A'。

（2）混淆字符常量和字符串常量。字符常量用单引号括起来，字符串常量用双引号括起来。下面的语句是错误的。

```
char ch="A";            //应该将字符常量而不是字符串常量赋值给字符变量
```

正确的写法为 char ch='A';。

（3）认为使用单引号括起来就是字符常量。例如，'ab'不是字符常量，它的值实际上是'a'。

（4）混淆字符零和数字零，初学的读者误认为'0'的值是 0，实际上'0'是字符零，ASCII 码规定其值为 48。

4．运算符及其表达式的错误

（1）对于 float 型变量使用%运算符。C 语言规定，%只能用于 int 和 char 型变量。但有些初学者会错误地使用%运算符，例如：

```
int a;
a=12.3%4;               //应改为 a=12%4
```

（2）对表达式进行强制类型转换时漏掉了圆括号。例如：

```
int (3.2+a)             //应改为(int)(3.2+a)
```

（3）赋值号"＝"左边使用表达式。C 语言规定，不能对表达式赋值，因为表达式不对应内存单元。例如：

```
int a,b;
a+b=33;                 //赋值号=左侧为表达式,错误
```

2.7　课　后　练　习

一、选择题

1．下列选项中，可以作为 C 语言标识符的是（　　）。
　　A．3stu　　　　　　B．#stu　　　　　　C．stu3　　　　　　D．stu.3

2．下列选项中，不可以作为 C 语言标识符的是（　　）。

　　A．num　　　　　　　　B．turbo_c　　　　　C．printf　　　　　　D．student3

3．C语言程序的基本单位是（　　）。

　　A．语句　　　　　　　　B．程序行　　　　　　C．函数　　　　　　　D．字符

4．C语言中的基本数据类型包括（　　）。

　　A．整型、实型、逻辑型　　　　　　　　　　　B．整型、实型、字符型

　　C．整型、字符型、逻辑型　　　　　　　　　　D．整型、实型、逻辑型、字符型

5．以下选项中属于C语言数据类型的是（　　）。

　　A．复数型　　　　　　　B．逻辑型　　　　　　C．双精度型　　　　　D．集合

6．下列可以正确表示字符型常量的是（　　）。

　　A．"a"　　　　　　　　B．'\t'　　　　　　　C．"\n "　　　　　　D．297

7．在C语言中，不正确的int类型常量是（　　）。

　　A．−327　　　　　　　B．0　　　　　　　　C．038　　　　　　　D．0xAF

8．设有说明语句：char a= '\72';，则变量a（　　）。

　　A．包含1个字符　　　B．包含2个字符　　　C．包含3个字符　　　D．说明不合法

9．以下所列的C语言常量中，错误的是（　　）。

　　A．0xFF　　　　　　　B．1.2e0.5　　　　　C．2L　　　　　　　D．'\72'

10．以下选项中合法的字符常量是（　　）。

　　A．"B"　　　　　　　B．'\010'　　　　　　C．−268　　　　　　D．D

11．在C语言中，合法的长整型常量是（　　）。

　　A．　0L　　　　　　　B．4962710　　　　　C．324562&　　　　D．　216D

12．假设所有变量均为整型，则表达式（x=2，y=5，y++，x+y）的值是（　　）。

　　A．7　　　　　　　　B．8　　　　　　　　C．6　　　　　　　　D．2

二、简答题

1．计算下列表达式的值。

（1）设 x=2.5，a=5，y=4.7，计算表达式 x+a%3*（int）（x+y）%2/4 的值。

（2）设 a=4，计算表达式 a=1，a+5，a++的值。

（3）设 a=2，b=3，x=3.5，y=2.5，计算表达式（a+b）/2+（int）x%（int）y 的值。

（4）设 x=4，y=8，计算表达式 y=（x++）*（--y）的值。

（5）设 x=1，y=2，计算表达式 1.0+x/y 的值。

2．写出下面表达式运算后 a 的值，设 a=12，n=5 且 a 和 n 已定义为整型变量。

（1）a+=a　　　　　　　　　　　　（2）a−=2

（3）a*=2+3　　　　　　　　　　　（4）a/=a+a

（5）a%=（n%=2）　　　　　　　　（6）a+=a−=a*=a

3．将下列代数式写成 C 表达式。

（1）πr^2　　　　　　　　　　　　（2）$\frac{1}{2}gt^2 + v_0 t + s_0$

（3）$\dfrac{-b+\sqrt{b^2-4ac}}{2a}$　　　　　　　（4）$\left(\dfrac{5}{9}\right)(F-32)$

2.8　综　合　实　训

【实训目的】

（1）深入理解 C 语言数据类型的意义。

（2）掌握变量声明和初始化的意义和方法。

（3）掌握算术表达式、赋值表达式的运算。

【实训内容】

实训步骤及内容	题 目 解 答	完成情况

1. 分析下面 C 语言程序，找出其中的错误，并分析错误的原因（与实验中出现的信息进行对比）。
`#include <stdio.h>`
`void main()`
`{`
`int a=3,b=5,c=7,x=1,y;`
`a=b=c;`
`x+2=5;`
`z=y+3;`
`}`		

2. 分析下面 C 语言程序，比较 x++与++x 的区别。
`#include <stdio.h>`
`void main()`
`{`
`int a=5,b=8;`
`printf("a++=%d\n",a++);`
`printf("a=%d\n",a);`
`printf("++b=%d\n",++b);`
`printf("b=%d\n",b);`
`}`		

3. 编写 C 语言程序，测试字符型数据的算术特征。
`char c1=35,c2='A',c3;`
`c3=c1+c2;`
`printf("%d,%c\n",c3,c3);`		

4. 编写 C 语言程序，测试在程序中数据溢出带来的问题。
`int a=2000000000,b=2000000001;`
`printf("%d",a+b);`		

5. 编写 C 语言程序，测试整数除法的危险性。
`int a=5,b=7,c=100,d,e,f;`
`d=a/b*c;`
`e=a*c/b;`
`f=c/b*a;`		

6. 编写 C 语言程序，测试一个表达式中不同类型数据混合运算出现的问题。
`int a=3,b=5;`
`char c='w';`		

实训步骤及内容	题　目　解　答	完成情况

double d=1234.5678;
比较下面两个语句的结果有什么不同?
　printf("%f\n",c+d*b/a);
printf（"%f\n", c+d*（b/a)）;		

实训总结 分析讨论如下问题: （1）变量声明和初始化的意义。 （2）赋值运算的特点。 （3）总结数据类型的意义。 （4）总结数据类型转换时, 所发生的变化。 （5）整数除法有什么危险, 如何避免。		

2.9　知　识　扩　展

2.9.1　关键字

关键字是指 C 语言中已经预先使用并赋予固定含义和用途的标识符, 如 int 在 C 语言中被用来表示整型数据, 这时就不能使用 int 命名其他实体了。C 语言关键字见附录 B。

2.9.2　编程规范

（1）表达式比较复杂时, 可以在运算符的两边各加一个空格, 使源程序更加清晰。

例如:

```
total = s1*0.4+s2*0.3+s3*0.3;
age >= 20 && sex == 'm';
```

（2）输入数据前加提示信息。例如:

```
int num;
printf("请输入一个整数: ");
scanf("%d",&num);
```

（3）输出结果要有文字说明。例如:

```
total=s1*0.4+s2*0.3+s3*0.3;
printf("总成绩为: %0.2f\n",total);
```

（4）语句末尾有分号。如果语句末尾无分号, 系统在编译时会显示出错提示。

synax error: missing'; 'before identifier 'ave'。表示由于前一语句漏分号引起语法错误。

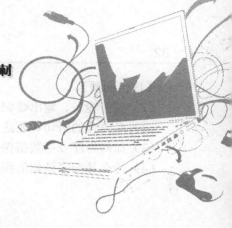

第3章

顺 序 结 构

【知识目标】

C语言语句类型。
C语言格式化输入输出函数。
C语言字符输入输出函数。
C语言顺序结构的含义。

【技能目标】

能够区分表达式和语句的不同。
熟练使用格式化输入输出函数。
熟练使用字符输入输出函数。

3.1 任 务 导 入

⚙【任务描述】

学生成绩卡设计：通过人机交互的方式，询问学生的学号、性别（F：女，M：男）、三门课程成绩（计算机、高等数学、大学英语），计算学生的总成绩及平均成绩，输出学生成绩卡。程序运行结果如图3-1所示。

图3-1　任务运行结果

🎧【提出问题】

（1）如何输入、输出数据，不同的数据类型应如何使用输入/输出格式？

（2）C 语言的语句和表达式有何不同？

（3）如何将浮点型数据保留 2 位小数？

（4）什么是顺序结构的程序？

3.2 数据的输入和输出

为了让计算机完成处理功能，用户需要输入原始数据，经过有效处理后，计算机需要将有用的信息显示给用户。C 语言没有提供专门的输入/输出语句，输入/输出操作是由函数实现的。用于输出和输入数据的函数分别是 printf()和 scanf()与 putchar()和 getchar()。这两组函数是标准库函数，它们的函数原型在头文件"stdio.h"中定义。所以，如果在程序里使用了这两组函数中的任意一个，程序最前面都应该包括语句行：

```
#include <stdio.h> 或 #include "stdio.h"
```

上面语句行的作用是告诉编译程序，在本程序中使用了 C 语言标准库里的输入/输出函数，要求编译程序正确处理这些函数的使用。下面将具体介绍这两组函数的使用。

3.2.1 printf()函数

printf()函数称为格式输出函数，其功能是按用户指定的格式，把指定的数据输出到标准输出设备上。

1. printf()函数的一般调用形式

printf 函数是一个标准库函数，它的一般调用形式为

printf（"格式控制字符串"，输出项列表）；

2. 格式控制串包含两类字符

（1）常规字符：这些字符将按原样输出，包括可显示字符和转义字符表示的字符。

（2）格式控制符：以%开头的一个或多个字符，如%d、%c、%f 等。其中，%后面的 d 和 c 被称为格式转换符。

例如，格式控制字符串"a＝%d\nb＝%d\n"中，"a＝"、"\n"和"b＝"都是常规字符，而两个 %d 是格式控制符。格式控制符与输出列表项之间的对应关系如图 3-2 所示。

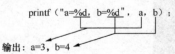

输出：a=3, b=4

图 3-2 格式控制符与输出列
表项之间的对应关系

printf 函数规定，不同类型的表达式要使用不同的格式转换符。比如，输出 char 型表达式要使用%c，输出 int 型要使用%d。表 3-1 列出了各种数据类型对应的格式转换符。

表 3-1　　　　　　　　　　　printf 函数中的格式转换符

格式转换符	含　义	举　例	结　果
%d	以十进制形式输出一个整型数据	int a=65; printf("%d",a);	65

续表

格式转换符	含　义	举　例	结　果
%o	以八进制形式输出一个无符号整型数据	int a＝65; printf("%o",a);	101
%x 或%X	以十六进制形式输出一个无符号整型数据	int a＝65; printf("%x",a);	41
%u	以十进制形式输出一个无符号整型数据	int a＝65; printf("%u",a);	65
%c	输出一个字符型数据	char ch='z'; printf("%c",ch);	z
%s	输出一个字符串	printf("%s","abcd");	abcd
%f	以十进制小数形式输出一个浮点型数据	float f＝−12.3; printf("f=%f",f);	f＝−12.300000

%e 或%E	以指数形式输出一个浮点型数据	float f＝1234.8998;
		printf("%e",f);
		printf("%E",f);
			1.234900e＋003
			1.234900E＋003

格式说明中，在%和上述格式字符间可以插入以下几种附加符号（又称为修饰符）。如表 3-2 所示。

表 3-2　　　　　　　　　　　printf 函数附加格式字符

字符	含　义
l	对 long 型如%ld；对 double 型如%lf
h	只用于将整型格式字符修正为 short 型，如%hd 等
m	数据最小宽度
n	对实数，表示输出的 n 位小数；对字符串，表示截取的字符个数
-	输出的数字或字符左对齐

注意 m 和 n 分别代表一个正整数。

【例 3-1】 整型数据的输出。

```
/*
    源文件名:ch3-1.c
    功能:整型数据的输出
*/
#include <stdio.h>
void main()
{
    int a=12;
    long b=2269978;
    printf("a=%d,a=%-6d,a=%6d\n",a,a,a);
```

```
    printf("b=%8ld\n",b);
    printf("%d,%o,%x,%u\n",a,a,a,a);
}
```

运行结果如图 3-3 所示。

图 3-3　　［例 3-1］运行结果

第一个输出语句以不同的格式输出整型变量 a 的值。其中：%d 表示按整数的实际长度输出；%6d 表示 a 的输出占 6 位，左边补以 4 个空格；%–6d 表示以左对齐方式输出，共占 6 位，右边补以 4 个空格；第二个输出语句输出长整型变量 b 的值，共占 8 位；第三个输出语句分别以十进制、八进制、十六进制和无符号方式输出整型变量 a 的值。

【例 3-2】　浮点型数据的输出。

```
/*
    源文件名:ch3-2.c
    功能:浮点型数据的输出
*/
#include  <stdio.h>
void main()
{
    float  x=1234.567;
    double  y=1234.5678;
    printf("%f,%lf\n",x,y);
    printf("%8.3f,%10.3lf\n",x,y);
    printf("%e\n",x);
}
```

运行结果如图 3-4 所示。

图 3-4　　［例 3-2］的运行结果

第一个输出语句中虽然 x 的小数点后有 6 位数字，但因 x 是单精度数，只有 7 位有效数字，故最后 3 位数字是无效的。

第二个输出语句输出 y 时小数点后保留 3 位，故进行四舍五入。

第三个输出语句以指数方式输出浮点型变量 x 的值。

【例 3-3】　字符型数据的输出。

```
/*
    源文件名:ch3-3.c
    功能:字符型数据的输出
*/
#include  <stdio.h>
void main()
{
    char  ch='A';
    int  i=65;
    printf("%c,%d\n",ch,ch);
    printf("%d,%c\n",i,i);
    printf("%-5c,%5c \n",ch,ch);
}
```

运行结果如图 3-5 所示。

图 3-5　[例 3-3] 的运行结果

📝 **注 意**

字符'A'的 ASCII 码值为 65，当它以十进制方式输出时为整数 65。同样，当整型变量 i
按照字符方式输出时，输出结果为 ASCII 码值等于 65 的字符'A'。

【例 3-4】 字符串数据的输出。

```
/*
    源文件名:ch3-4.c
    功能:字符串数据的输出
*/
#include  <stdio.h>
void main()
{
    printf("%s,%10s,%5s\n","student","student","student");
    printf("%-10.5s,%10.5s\n","student","student");
}
```

程序运行结果如图 3-6 所示。

图 3-6　[例 3-4] 的运行结果

📝 **注 意**

第一个输出语句中的格式串%5s，对应的字符串宽度超过格式串中指定的输出长度 5，故

字符串 "student"原样输出。第二个输出语句的格式串表示截取字符串的前 5 个字符，故输出结果为"stude"。

3.2.2　scanf()函数

scanf()函数称为格式输入函数，其功能是按用户指定的格式，接受用户的键盘输入，并将用户输入的数据依次存放在地址项列表所指定的变量中。

1．scanf()函数的一般调用形式

scanf 函数是一个标准库函数，它的一般调用形式为

scanf（"格式控制字符串"，地址项列表）；

例如，scanf（"%d"，&num）；//用户从键盘上输入 123<CR>，则 num 的值将是 123。

2．说明

（1）&符号的功能是取地址。C 语言中，如果知道了变量的地址，就可以很容易地为这个变量赋值。所以，scanf 函数要求使用变量的地址。变量名被用来表示变量的值，要获得变量的地址（即变量在内存中的位置），需要在变量名前加上&符号。&被称为地址运算符，其后不能是表达式，因为表达式只有值没有地址。

（2）格式控制字符串。scanf 函数的格式控制字符串的含义与 printf 函数的完全相同，也包含两类字符：常规字符和格式控制字符。但它们对常规字符的处理却不一样，printf 函数要将常规字符原样输出，而 scanf 函数却要求用户将常规字符原样输入。例如：

```
scanf("a=%d",&a);
```

用户应从键盘上输入 a=12<CR>，系统才能将 12 赋值给 a。当用户不按照程序的约定输入数据，就会造成数据输入错误，影响程序的正常进行。

上例中如果用户从键盘上输入 12<CR>，则变量 a 将得不到预期的数值。可以利用 printf 函数提示用户以何种形式输入数据。将上例修改如下。

```
printf("a=");
scanf("%d",&a);
```

scanf 函数的格式控制字符串与后续参数中的变量地址的对应关系如图 3-7 所示。

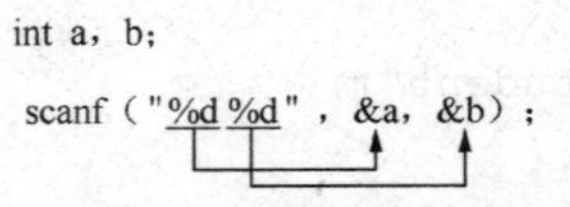

int a, b;

scanf（"%d %d"，&a, &b）；

图 3-7　格式控制字符串与地址列表项之间的对应关系

scanf 函数中格式控制符是用来控制用户输入数据。不同的格式控制符要求用户输入不同形式的数据，表 3-3 列出了不同的格式控制符对输入的要求。

和 printf 函数一样，可以在格式控制符和%之间插入一些辅助的格式控制字符。但 scanf 函数的附加格式控制符不如 printf 函数那样丰富。表 3-4 列出了不同的附加格式控制符。

表 3-3　　　　　　　　　　　　　　scanf 函数中的格式控制字符

格式转换符	对输入的要求
%d	要求用户输入一个十进制有符号整型数据
%o	要求用户输入一个八进制无符号整型数据
%x 或%X	要求用户输入一个十六进制无符号整型数据

续表

格式转换符	对输入的要求
%u	要求用户输入一个十进制无符号整型数据
%c	要求用户输入一个字符型数据
%f	要求用户输入一个浮点型数据
%e 或%E	要求用户用指数形式输入一个浮点型数据

表 3-4 scanf 函数附加格式控制字符

字符	含 义
l	对 long 型如%ld；对 double 型如%lf
h	只用于将整型格式字符修正为 short 型，如%hd 等
m	指定输入数据列宽
*	表示对应输入量不赋给一个变量

1）可以根据格式项中指定的列宽来分隔数据项。例如：

```
scanf("%2d%2d%d",&n1,&n2,&n3);
```

输入：123456<CR>

系统将 12 赋给变量 n1，34 赋给变量 n2，56 赋给变量 n3。

2）*是一个抑制赋值字符，其作用是按格式说明读入数据不赋值给任何变量。例如：

```
scanf("%2d%*2d%2d",&n1,&n2);
```

输入：123456<CR>

系统将 12 赋给变量 n1，34 不赋给任何变量，56 赋给变量 n2。

3．使用 scanf 函数应注意

（1）输入实型数据时不能规定精度。例如，"scanf("%8.3f", &n1);"这样写法不正确。

（2）scanf 函数中的变量必须使用地址运算符&，而不是变量。例如，"scanf("%2d%2d", n1, n2);"这样写法不正确。

（3）用"%c"格式输入时，空格和转义字符均作为有效字符。例如：

```
scanf("%c%c%c",&n1,&n2,&n3);
```

若输入：a b c<CR>

则字符'a'赋值给变量 n1，空格赋值给变量 n2，字符'b'赋值给变量 n3。

（4）输入数据时，当遇到以下情况将结束一个数据的输入。

1）遇到"空格"、"回车"或"跳格"（Tab）键时。

2）遇到列宽结束时。如"%2d"，只取两位数。

3）遇到非法输入时，如"scanf("%d%c%f",&n1,&n2,&n3);"，如果输入：123a456b.78<CR>时，因为第一个数据对应的格式为%d，将数字 123 赋值给变量 n1，字母'a'赋值给变量 n2，456 赋值给变量 n3。

【例3-5】 编写 C 语言程序，输出从键盘输入的 3 个整型数据。

```
/*
    源文件名:ch3-5.c
    功能:输出从键盘输入的 3 个整型数据
*/
#include <stdio.h>
void main()
{
    int n1,n2,n3;
    printf("please enter three numbers:");
    scanf("%d,%d,%d",&n1,&n2,&n3);
    printf("n1=%d,n2=%d,n3=%d\n",n1,n2,n3);
}
```

程序运行结果如图 3-8 所示。

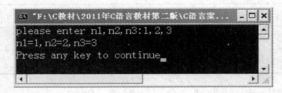

图 3-8 〔例 3-5〕的运行结果

【例 3-6】编写 C 语言程序,输出从键盘输入的 3 个字符型数据。

```
/*
    源文件名:ch3-6.c
    功能:输出从键盘输入的 3 个字符型数据
*/
#include <stdio.h>
void main()
{
    char c1,c2,c3;
    printf("please enter three characters:");
    scanf("%c%c%c",&c1,&c2,&c3);
    printf("c1=%c,c2=%c,c3=%c\n",c1,c2,c3);
}
```

程序运行结果如图 3-9 所示。

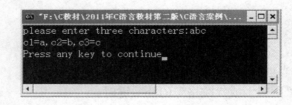

图 3-9 〔例 3-6〕的运行结果

【例 3-7】 运行下列程序,分析程序中出现的问题。

```
/*
    源文件名:ch3-7.c
    功能:为输入实型数据添加附加控制符
```

```
*/
#include <stdio.h>
void main()
{
    int n1;
    float n2;
    printf("please enter one integer:");
    scanf("%2d",&n1);
    printf("please enter one decimal:");
    scanf("%6.2f",&n2);
    printf("n1=%d,n2=%.2f\n",n1,n2);
}
```

程序运行结果如图 3-10 所示。

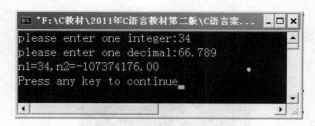

图 3-10 ［例 3-7］的运行结果

由于本例在输入实型数据时规定了精度"scanf("%6.2f",&n2);"，导致变量 n2 不能读取正确数据，从而程序出现了实型数据输出异常错误。

3.2.3 putchar()函数

putchar()函数称为字符输出函数，其功能是在标准输出设备上输出一个字符。

（1）putchar()函数的一般调用形式为

putchar（表达式）；

（2）表达式可以是字符型或整型的变量或常量，每次只能输出一个字符。例如：

putchar('#');其输出结果为#。
putchar('\n');其输出结果为换行。

3.2.4 getchar()函数

getchar()函数称为字符输入函数，其功能是从标准输入设备输入一个字符。

（1）getchar()函数的一般调用形式为

getchar();

（2）getchar()是无参函数。例如：

a=getchar();

putchar(a);

输入 xyz<CR>，则只将字符'x'赋值给变量 a，所以输出结果为 x。

【例 3-8】 getchar()和 putchar()函数的使用。

```
/*
    源文件名:ch3-8.c
    功能:getchar()和putchar()函数的使用
*/
#include <stdio.h>
void main()
{
    char ch1,ch2;
    ch1='w';
    ch2=getchar();
    printf("输出字符为:\n");
    putchar(ch1);
    putchar(ch2);
    putchar('s');putchar('\n');
}
```

程序运行结果如图 3-11 所示。

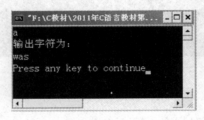

图 3-11   〔例 3-8〕的运行结果

3.3 C 语 言 的 语 句

C 语言规定,语句以分号";"为结束标志。C 语言的语句从总体上可分为表达式语句、空语句、复合语句、函数调用语句及控制语句 5 种。下面我们先介绍前 4 种,控制语句将在下一章介绍。

3.3.1 表达式语句

表达式的后面加一个分号就构成了一个语句,最常用的表达式语句是赋值表达式组成的赋值语句。如 sum=num1+num2;,使用表达式语句,不仅是为了取得表达式的值,还可以利用表达式计算过程中产生的结果。C 语言中有使用价值的表达式语句主要有 3 种。

(1)赋值语句,如 z=x+y;。

(2)自增减运算符构成的表达式语句,如 i++;。

(3)逗号表达式语句,如 a=1,b=2;。

3.3.2 空语句

仅有一个分号的语句称为空语句。空语句被执行时,实际上什么也不做,在后面的章节中我们会看到它的特殊用途。

3.3.3 复合语句

由一对花括号括起来的若干语句称为复合语句,又称为语句块。例如:

```
#include <stdio.h>
void main()
{
    int a=10,b=20,s;
    {
        int a=30,c;              //复合语句中定义的变量 a 只在复合语句中有效
        c=a*3;
        printf("a=%d,c=%d\n",a,c);
    }
    s=a+b;                       //复合语句中的 a 变量失效,变量 a=10
    printf("a=%d,b=%d,s=%d",a,b,s);
}
```

注意

与 C 语言的其他语句不同,复合语句不以分号作为结束符,若复合语句的"}"后面出现分号,那不是复合语句的组成部分,而是单独的一个空语句。在复合语句起始部分可以有变量说明,例如,"int a=30,c;",变量 a 的作用范围只在该复合语句中有效。复合语句的"{ }"内可以有多个语句,但它整体上作为一条语句看待。

3.3.4 函数调用语句

函数调用语句是由一个函数调用加上一个分号组成的一个语句。例如:

```
scanf ("%2d%*2d%2d", &m, &n);
printf ("x+y+z=%d\n", x+y+z);
putchar ('\n');
```

以上 3 条语句均为函数调用语句。

3.4 编写简单 C 语言程序

初步掌握了 C 语言的常量、变量及其声明、表达式、语句后,我们就可以编写具有独立功能的程序了。到目前为止介绍的程序都是逐条语句书写的,程序的执行也是按顺序逐条执行的,这种程序被称为顺序程序。目前只要求能编写一段仅包含一个 main 函数的 C 语言顺序结构程序。

【例 3-9】 已知三角形的三边长,计算三角形的面积。

```
/*
    源文件名:ch3-9.c
    功能:计算三角形的面积
*/
#include <stdio.h>
#include <math.h>
void main()
{
    float a,b,c,area,s;
    printf("请输入三角形三边长,之间用逗号分隔:\n");
    scanf("%f,%f,%f",&a, &b,&c);
    s=1.0/2*(a+b+c);
```

```
    area=sqrt(s*(s-a)*(s-b)*(s-c));
    printf("三角形三条边分别为:%6.2f,%6.2f,%6.2f\n",a,b,c);
    printf("组成的三角形面积为:%7.2f\n",area);
}
```

程序运行结果如图 3-12 所示。

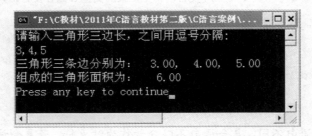

图 3-12　　[例 3-9] 的运行结果

（1）根据题意，程序中所用到的数据变量分析如表 3-5 所示。

表 3-5　　　　　　　　　　　　　[例 3-9] 中变量的定义

变量名	含义	数据类型	小数位数	数据来源
a、b、c	边长	float	2	键盘输入
s	边长之和的一半	float	2	中间变量
area	面积	float	2	计算结果，输出

（2）求三角形的面积使用海伦公式：area=sqrt（s*（s–a）*（s–b）*（s–c）），其中 a、b、c 是三角形的三边长，s 是三角形的半周长，s=（a+b+c）/2，area 用来存放三角形的面积值。

（3）程序中用到的 sqrt() 为求平方根的函数，其函数原型位于 math.h 文件中，因此，在程序源文件的顶部应包含 math.h 文件。

📖 思 考

程序运行时，如果输入的 3 个数据为 1，2，3 运行结果会怎样？想一想应如何解决？（参见第 4 章）

【例 3-10】　编写 C 语言程序，实现随机产生一道 100 以内的加法题，要求用户输入答案后，给出正确答案。

```
/*
    源文件名:ch3-10.c
    功能:随机数加法练习
*/
#include <stdio.h>
#include <time.h>
void main()
{
    int num1,num2,answer;
    srand(time(NULL));              //产生随机数种子
    num1=rand()%100;                //随机生成第一个加数
```

```
    num2=rand()%100;                    //随机生成第二个加数
    printf("%d+%d=?",num1,num2);        //出题
    scanf("%d",&answer);                //用户回答
    printf("用户答案:%d+%d=%d\n",num1,num2,answer);
    printf("正确答案:%d+%d=%d\n",num1,num2,num1+num2);
}
```

程序运行结果如图 3-13 所示。

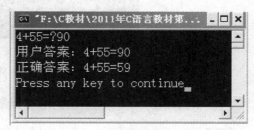

（a）［例 3-10］回答正确的运行结果图　　　　　　（b）［例 3-10］回答错误的运行结果图

图 3-13　［例 3-10］的运行结果

（1）根据题意，程序中所用到的数据变量分析如表 3-6 所示。

表 3-6　　　　　　　　　　　　　　［例 3-10］中变量的定义

变量名	含义	数据类型	数据来源
num1 num2	加数	int	随机产生
answer	用户计算和	int	用户输入

（2）函数 srand()的功能：设置随机数种子，其函数原型位于头文件 time.h 中。因此，在程序源文件的顶部应包含 time.h 文件。

📝 思 考

如何实现自动判断用户答案的正确性？（参见第 4 章）

【例 3-11】　编写程序实现两数交换。

```
/*
   源文件名:ch3-11.c
   功能:交换两数
*/
#include <stdio.h>
void main()
{
    int x,y,temp;                       //定义 3 个整型变量
    printf("请输入两个整数:");            //提示信息
    scanf("%d,%d",&x,&y);               //为 x、y 变量赋值
    printf("交换前变量的值:x=%d ,y=%d\n",x,y);  //输出交换前变量的值
    temp=x;
    x=y;
    y=temp;                             //实现两数交换
```

```
    printf("交换后变量的值:x=%d ,y=%d\n",x,y);       //输出交换后变量的值
}
```

运行结果如图 3-14 所示。

图 3-14　[例 3-11] 的运行结果

（1）根据题意，程序中所用到的数据变量分析如表 3-7 所示。

表 3-7　　　　　　　　　　　　　　　[例 3-11] 中变量的定义

变量名	含　义	数据类型	数据来源
x、y	运算数	int	键盘输入
temp	存放临时数据	int	中间结果

（2）交换两数需要借助于第 3 个变量完成。因此，定义 3 个同类型变量，两个变量用于存放运算数据，第 3 个变量用作存放临时数据。

（3）使用 3 个赋值语句实现两数交换。

📝 思　考

上面程序中变量 temp 能不能省掉？为什么？

综上所述，顺序结构的 C 语言程序有如下特点。

（1）顺序结构在程序自上而下执行时，程序中的每一条语句都要执行一次，并且只执行一次，以这样固定的处理方式只能解决一些简单的问题。

（2）典型的顺序结构程序的处理流程通常包括数据的输入、数据的处理和计算结果的输出 3 个步骤。在设计顺序结构程序的过程中应主要解决以下几个问题。

1）分析程序中所需要的常量和变量，确定变量名称、变量类型和变量的初始值。例如，某班共有学生 33 名，其中优秀学生 11 名，计算全班学生的优秀率。假定 n 代表优秀学生人数，t 代表班级总人数，p 代表优秀率。如下两种定义变量的方式将产生不同的结果，如表 3-8 所示。

表 3-8　　　　　　　　　　　　　定义不同类型的变量产生的结果

	变量 n 的数据类型	变量 t 的数据类型	变量 p 的数据类型	优秀率：p=n/t*100 结果
方式一	int n=11	int t=33	float p	0.000000
方式二	float n=11	float t=33	int p	33

2）分析需要输入/输出数据的性质，确定输入/输出的方式。例如，一个三角形面积的数据可以按照三条边的边长和面积的顺序依次输出。

3）根据问题的要求，设计合理的数据处理方法。设计时要保证数据的准确性，充分利用已有的库函数。

3.5 任 务 实 施

通过对 3.2～3.4 节的学习，我们了解了各种输入/输出语句的使用方法，以及顺序结构程序设计的基本步骤。对 3.1 节任务中提到的问题，很容易在上文中找到答案。现在完成 3.1 节的任务。

3.5.1 任务分析

（1）根据任务需求分析，需要定义变量存放学生的学号、性别、3 门课成绩、总成绩及平均成绩。其中，学生学号为整型变量、性别为字符型变量，3 门课成绩、总成绩及平均成绩为浮点型变量。任务中所用到的数据变量分析如表 3-9 所示。

表 3-9   本章任务中变量的定义

变量名	含 义	数据类型	数据来源
sno	学生学号	int	键盘输入
ssex	学生性别	char	键盘输入
score1、score2、score3	3 门课成绩（计算机、高数、英语）	float	键盘输入
total	总成绩	float	total=score1+score2+score3
avg	平均成绩	float	avg=total/3.0

（2）编程步骤。

输入数据：通过 scanf()函数从键盘上输入学号、性别、3 门课成绩。

中间计算：求解总成绩及平均成绩。

输出数据：通过 printf()函数按照格式要求输出成绩卡。

（3）注意：在输入语句的前面可通过 printf()函数增加提示信息。

3.5.2 程序代码

```
/*
    源文件名:ct3-1.c
    功能:输出成绩卡
*/
#include <stdio.h>
void main()
{
int sno;
char ssex;
float score1,score2,score3,total,avg;
printf("请输入学生的学号:");
scanf("%d",&sno);
printf("请输入学生的性别(F-女、M-男):");
scanf("\n%c",&ssex);
printf("请输入学生的计算机成绩:");
scanf("%f",&score1);
```

```
printf("请输入学生的高等数学成绩:");
scanf("%f",&score2);
printf("请输入学生的大学英语成绩:");
scanf("%f",&score3);
total=score1+score2+score3;
avg=total/3.0;
printf("\n\n\t\t 成绩卡\n");
printf("-----------------------------------\n");
printf("\t 学　　　号:%d\n",sno);
printf("\t 性　　　别:%c\n",ssex);
printf("\t 计算机成绩:%.2f\n",score1);
printf("\t 高等数学成绩:%.2f\n",score2);
printf("\t 大学英语成绩:%.2f\n",score3);
printf("\t 总　成　绩:%.2f\n",total);
printf("\t 平 均 成 绩:%.2f\n",avg);
printf("-----------------------------------\n");
}
```

3.6　本　章　小　结

3.6.1　知识点

本章主要介绍了输入、输出函数和 C 语言的语句，概要说明了 C 语言的顺序结构设计过程。本章的知识结构如表 3-10 所示。

表 3-10　　　　　　　　　　　　　　　本章知识结构

C 语言 输入/输出函数	格式输出函数 printf()	一般形式：printf（"格式控制串"，输出项列表）；
		输出格式：标志、输出最小宽度、精度、长度
	格式输入函数 scanf()	一般形式：scanf（"格式控制串"，地址项列表）；
		格式字符：%d、%f、%c
		注意的问题：精度控制、变量的地址符号、变量输入的间隔符号
	字符输出函数 putchar()	一般形式：putchar（整型或字符型表达式）；
	字符输入函数 getchar()	一般形式：getchar();
C 语言语句 类型	表达式语句、函数调用语句、控制语句、空语句、复合语句	
顺序结构程序 设计的基本步骤	（1）输入数据：scanf()、getchar() （2）数据处理：使用赋值运算符、算术运算符、逗号运算符 （3）输出结果：printf()、putchar()	

3.6.2　常见错误

1. printf 函数的错误

（1）将 printf 误写为 pirntf 或 print，这种情况不会出现语法错误，但在连接时出现错误。

（2）调用 printf 函数时，控制字符串漏掉了右边的双引号。例如：

错误的写法：printf（"a=%d, b=%d , a, b);

正确的写法：printf（"a=%d, b=%d", a, b);

（3）在使用 printf 输出单引号、双引号、反斜杠时，没有在这些字符前使用反斜杠构成转义字符。例如：

错误的写法：`printf ("He said "very good".");`

正确的写法：`printf ("He said \"very good\".");`

2．scanf 函数的错误

（1）利用 scanf 函数输入变量值时漏掉了地址符号&，下面的语句在编译时不会出现错误，但在运行时出错：

```
scanf ("%d, %d", a, b);   //a、b 变量前漏掉了地址符号&
```

（2）scanf 函数输入浮点型数据时指定了精度。例如：

```
float  x;
scanf("%4.2f",&x);  //正确的写法:scanf("%f",&x);
```

（3）printf 函数或 scanf 函数调用时，格式控制与输出或输入参数的类型、数量不一致。下面的语句存在错误：

```
int a,b;
float x,y;
scanf("%d%f%d",&a,&b,&x,&y);
                            //正确的写法:scanf("%d%d%f%f",&a,&b,&x,&y);
printf("a=%d,b=%f,x=%d,y=%f",a,b,x,y);
                            //正确的写法:printf("a=%d,b=%d,x=%f,y=%f",a,b,x,y);
```

3．表达式和表达式语句的错误

表达式语句后面分号丢掉：

```
c=a+b                //表达式
c=a+b;               //表达式语句
```

3.7 课 后 练 习

一、选择题

1．以下程序段的输出结果是_____。

```
int a=12345;
printf("%2d\n",a);
```

  A．12　　　　　　　　　　　　　　　　B．34

  C．12345　　　　　　　　　　　　　　D．提示出错、无结果

2．有如下程序段

```
int  x1,x2;
char  y1,y2;
scanf("%d%c%d%c",&x1,&y1,&x2,&y2);
```

若要求 x1、x2、y1、y2 的值分别为 10、20、A、B，正确的数据输入是_____。（注：⊔代表空格）

  A．10A20B　　　　B．10⊔A20B　　　　C．10⊔A⊔20⊔B　　　　D．10A20⊔B

3. 有如下程序段，对应正确的数据输入是_____。

```
float x,y;
scanf("%f%f",&x,&y);
printf("x=%f,y=%f",x,y);
```

    A. 2.04↙
       5.67↙

    B. 2.04，5.67↙

    C. x=2.04，y=5.67↙

    D. 2.055.67↙

4. 有如下程序段，从键盘输入数据的正确形式应是_____。（注：⊔代表空格）

```
int x,y,z;
scanf("x=%d,y=%d,z=%d",&x,&y,&z);
```

    A. 123

    B. x=1，y=2，z=3

    C. 1，2，3

    D. x=1⊔y=2⊔z=3

5. 以下说法正确的是_____。

    A. 输入项可以为一个实型常量，如 scanf("%f", 3.5);

    B. 只有格式控制，没有输入项，也能进行正确输入，如 scanf("a=%d, b=5d");

    C. 当输入一个实型数据时，格式控制部分应规定小数点后的位数，如 scanf("%4.2f", &f);

    D. 当输入数据时，必须指明变量的地址，如 scanf("%f", &f);

二、写出下列 printf 函数的输出结果

1. `printf("%10.4f\n",123.456789);`

2. `printf("%-10.4f\n",123.456789);`

3. `printf("%8d\n",1234);`

4. `printf("%-8d\n",1234);`

5. `printf("%10.5s\n","abcdefg");`

三、填空题

1. C 语言的语句分为_____、_____、_____、_____和_____。

2. 表达式和表达式语句的区别是_____。

3. 要想得到下列输出结果：

```
a,b
A,B
97,98,65,66
```

请补充以下程序：

```
#include <stdio.h>
void main()
{
    char c1,c2;
    c1='a';
    c2='b';
    printf(" _____",c1,c2);
    printf("%c,%c\n",_____);
_____;
}
```

四、阅读下列程序，写出运行结果

1.
```c
#include <stdio.h>
void main()
{
    char c1='a',c2='b',c3='c';
    printf("a%cb%cc%c\n",c1,c2,c3);
}
```
2.
```c
#include <stdio.h>
void main()
{
    int a=12,b=15;
    printf("a=%d%%,b=%d%%\n",a,b);
}
```

3. 假设程序运行时输入 12345678，写出运行结果。

```c
#include <stdio.h>
void main()
{
    int a,b;
    scanf("%2d%*2d%d",&a,&b);
    printf("%d,%d\n",a,b);
}
```

五、分析下面的程序，指出错误的原因，并改正

```c
#include <stdio.h>
void main()
{
    int a,b;
    float x,y;
    scanf("%d,%d\n",a,b);
    scanf("%5.2f,%5.2f\n",x,y);
    printf("a=%d,b=%d\n",a,b);
    printf("x=%d,y=%d\n",x,y);
}
```

六、编写程序

1. 现有变量 a=2、b=6、c=8、x=2.3、y=3.4、z=-4.8、c1='e'、c2='f'。试写出能得到以下输出格式和结果的程序。要求说明有关变量，通过赋值语句给变量赋值，并写出输出语句（注意空格的输出）。

```
a= 2 b= 6 c=8
x=2.300000,y=3.400000,z=-4.800000
x+y= 5.70  y+z=-1.40  z+x=-2.5
c1='e'  or  101(ASCII)
c2='f'  or  102(ASCII)
```

2. 编写 C 语言程序，提示从键盘上输入两个整数，计算并输出两数的和、差、积、商和余数。

3. 编写 C 语言程序，计算任意两点之间的距离。

求两点间距离的公式：$|AB|=\sqrt{(x_2-x_1)^2+(y_2-y_1)^2}$

3.8 综 合 实 训

实训 1 格式化输出函数的使用

【实训目的】

掌握使用 printf()函数进行格式化输出的方法。

（1）格式说明符与数据项类型之间的对应关系。

（2）转义字符在格式控制中的用法。

（3）计算顺序依赖于编译器及其克服的方法。

【实训内容】

实训步骤及内容	题 目 解 答	完成情况

1. 设计一个 C 语言程序，测试 printf()函数中格式说明符的意义及其与数据项的对应关系。
`int a=123;`
`double b=123456789.234567;`
`printf("a=%lf,b=%d\n",a,b);`		

2. 设计一个 C 语言程序，测试 printf()函数定义域宽与精度的方法，要能验证以下情况。 （1）域宽小于实际宽度时的情况。 （2）默认的域宽与精度各是多少。 （3）精度说明大于、小于实际精度时的处理。 （4）float 和 double 的最大精度。 （5）符号位的处理方式。 （6）多余的小数是被截取还是舍入		

3. 编写 C 语言程序，测试在所使用的系统中 printf()函数数据参数被引用的顺序。
`int a=1;`
`printf("%d,%d,%d\n",++a,++a,++a);`		

实训总结： 分析讨论如下问题： （1）总结在 printf()函数中可以使用的各种格式说明符，并给出示例。 （2）总结如何避免计算顺序依赖编译器所带来的副作用		

实训 2 格式化输入函数的使用

【实训目的】

掌握使用 scanf()函数进行格式化输入的方法。

（1）数据项参数必须是变量的地址。

（2）格式说明符和数据项类型之间的对应性。

（3）对格式控制中普通字符的处理。

（4）数值数据间的分隔。

（5）用于字符输入的问题及其对策。

【实训内容】

实训步骤及内容	题 目 解 答	完成情况

1. 设计一个 C 语言程序，测试数据项参数必须是变量的地址。
`int a;`
`scanf("%d",a);`		

2. 设计一个 C 语言程序，测试格式说明符与数据项类型的对应关系。
`int a;`
`double b;`
`scanf("%lf,%d",&a,&b);`
`printf("%d,%lf",a,b);`		

3. 设计一个 C 语言程序，测试 scanf()函数的格式控制符中普通字符的处理方法。
`int a;`
`double b;`
`scanf("a=%d,b=%lf",&a,&b);`
`printf("%d,%lf",a,b);`		

4. 设计一个 C 语言程序，测试用 scanf()函数输入多个数值时，数据项之间的分隔方法：
（1）使用默认分隔符：空格、跳格符（'\t'）、换行符（'\n'）
（2）根据格式项中指定的域宽分隔出数据项。
（3）当输入数据的数据类型与格式说明符要求不符时，就认为这一数据项结束。
（4）格式控制字符串中的普通字符处理。
`int a,b;`
`char c;`
`float d;`
`scanf("%d%d%f",&a,&b,&c);`
`scanf("%2d%3d%4f",&a,&b,&d);`
`scanf("%d%c%f",&a,&c,&d);`
`scanf("input:%d$$%d",&a,&b);`		

5. 运行下列 C 语言程序，测试使用 scanf()函数输入含有字符型数据的多个项时，数据项间的分隔问题。
`#include <stdio.h>`
`void main()`
`{`
`char c1,c2,c3;`
`scanf("%c",&c1);`
`scanf("%c",&c2);`
`scanf("%c",&c3);`
`printf("%c%c%c\n",c1,c2,c3);`
`scanf("%c%c%c",&c1,&c2,&c3);`
`printf("%c%c%c\n",c1,c2,c3);`
`}`		

实训总结： 分析讨论如下问题： （1）总结 scanf()函数中可以使用的各种格式说明符，并给出示例。 （2）总结 scanf()函数格式控制符中普通字符的处理方法。 （3）总结输入数值型数据时，数据项之间的分隔处理。 （4）字符输入问题的特殊处理		

第4章

选 择 结 构

【知识目标】

关系运算符、逻辑运算符、条件运算符及其表达式。

if 语句的 3 种形式。

switch 语句的格式及其功能。

【技能目标】

熟练使用关系运算符、逻辑运算符、条件运算符及其表达式。

学会运用 if 语句和 switch 语句实现选择结构程序设计。

掌握 if 语句和 switch 语句的相互转化。

4.1 任 务 导 入

✿【任务描述】

计算个人所得税：通过人机交互的方式，询问职工的月工资薪金和应缴纳的保险金额，计算该名职工的个人所得税额。个人所得税税率及程序运行结果如图 4-1 所示。

税率(%)	全月应纳税所得额/元
3	不超过1,500元
10	超过1,500元至4,500元的部分
20	超过4,500元至9,000元的部分
25	超过9,000元至35,000元的部分
30	超过35,000元至55,000元的部分
35	超过55,000元至80,000元的部分
45	超过80,000元的部分

```
F:\C教材\新编教材资料\教材内容\各章例题源
输入您的月工资薪金:6000
输入您应缴纳的保险金额:500
您本月应缴纳的个人所得税为: 95.00
Press any key to continue
```

（a）   （b）

图 4-1 任务运行结果

（a）个人所得税税率；（b）任务运行结果

🎧【提出问题】

（1）如何实现条件的判断和数据的处理？

（2）如何使用多分支语句？

（3）如何运用选择语句？

4.2 选择结构中的运算符及其表达式

4.2.1 关系运算符和关系表达式

进行选择判断需要一种对比机制，这将涉及一些新的运算符，数值比较是进行选择判断的基础。

（1）关系运算规则：两个操作数进行比较，若条件满足，则结果为 1（真）；否则结果为 0（假）。关系运算符及其示例如表 4-1 所示。

表 4-1 关系运算符及其示例

运算符	名 称	运算规则	运算对象	运算结果	举 例	表达式值
<	小于	满足则为真，结果为 1，不满足则为假，结果为 0	整型、字符型或实型	逻辑值（1 或 0）	a=3;b=4;a<b;	1
<=	小于等于				a=3;b=4;a<=b;	1
>	大于				a=3;b=4;a>b;	0
>=	大于等于				a=3;b=4;a>=b;	0
==	等于				a=3;b=4;a==b;	0
! =	不等于				a=3;b=4;a! =b;	1

（2）当多种运算符在一个表达式中同时使用时，要注意运算符的优先级，防止记错运算符优先级的最好方法是适当添加圆括号。关系运算符的优先级低于算术运算符。

（3）由关系运算符与操作数构成的表达式就是关系表达式。其一般形式为

表达式 1 关系运算符 表达式 2

例如，a>（b>c），a=（c==d）等。

【例 4-1】 区分关系运算符"＝＝"和赋值运算符"＝"。

```
/*
    源文件名：ch4-1.c
    功能：区分"=="和"="
*/
#include <stdio.h>
void main()
{
    int a,b,c1,c2;
    a=6;b=6;
    c1=(a=b);
    c2=(a==b);
    printf("c1=%d,c2=%d\n",c1,c2);
}
```

运行结果如图 4-2 所示。

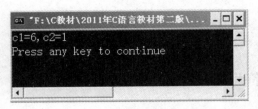

图 4-2　[例 4-1] 的运行结果

其中：

（1）表达式 c1=（a=b）的作用：先将 b 的值赋值给 a，再把赋值表达式的值赋给变量 c1，所以 c1=6。

（2）表达式 c2=（a==b）的作用：先判断 a 和 b 的值是否相等，再把比较的结果赋给变量 c2，所以 c2=1。

思考

（1）表达式 2+4 == 6*（2 != 1）的结果为多少？

（2）C 语言中的 x>y>z 与数学式 x>y>z 有何不同？

4.2.2　逻辑运算符和逻辑表达式

有时执行一个检验，并不足以进行选择判断。可能需要把两个或更多检验的结果组合在一起。如果它们都为 true，就执行某种操作。

（1）用逻辑运算符连接操作数组成的表达式称为逻辑表达式。逻辑表达式的值只有真和假两个值。当逻辑运算的结果为真时，用 1 作为表达式的值；当逻辑运算的结果为假时，用 0 作为表达式的值。逻辑运算符及其示例如表 4-2 所示。

表 4-2　　　　　　　　　　　　　　逻辑运算符及其示例

运算符	名　称	运算规则	运算对象	运算结果	举　例	表达式值
!	非	逻辑非	整型、字符型或实型	逻辑值（1 或 0）	a=3;!a;	0
&&	与	逻辑与			a=0;b=4;a&&b;	0
‖	或	逻辑或			a=0;b=4;a‖b;	1

（2）除了逻辑非外，逻辑运算符的优先级低于关系运算符。但逻辑非运算符比较特殊，它的优先级高于算术运算符。

（3）&&和‖是短路运算符。在一个或多个&&相连的表达式中，只要有一个操作数为零，就不做后面的&&运算，整个表达式的结果为零。如表达式 x&&y&&z，若 x 的值为零，则不需要判定 y 和 z，立即可判定整个表达式的值为零。而由一个或多个‖连接而成的表达式中，只要碰到第一个不为零的操作数，就不再进行后续运算，整个表达式的结果不为零。如表达式 x‖y‖z，若 x 的值不为零，则不需要判定 y 和 z，立即可判定整个表达式的值不为零。

【例 4-2】　逻辑运算。

```
/*
    源文件名：ch4-2.c
    功能：逻辑运算
*/
#include <stdio.h>
void main()
{
    int a=10,b=30;
    printf("%d  ",(a==0)&&(a=5));
    printf("a=%d\n",a);
```

```
    printf("%d  ",(b>=20)||(b=15));
    printf("b=%d\n",b);
}
```

运行结果如图 4-3 所示。

其中：

（1）在表达式（a= =0）&&（a=5）中，由于
a= =0 的值为假（0），按照&&运算规则，左边运算
结果为假，其值为假，不再处理右侧 a=5。

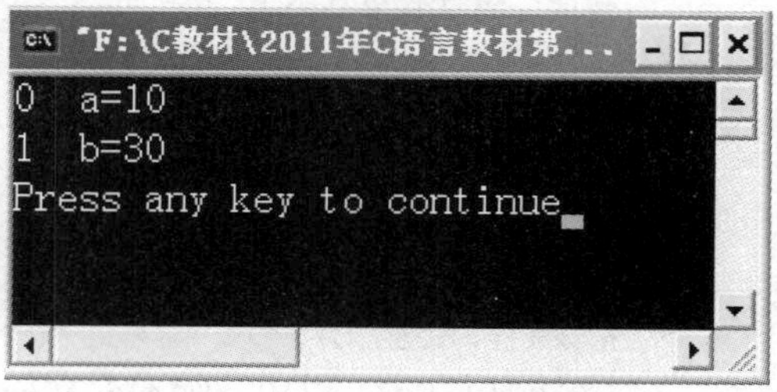

（2）在表达式（b>=20）||（b=15）中，由于

图 4-3　［例 4-2］的运行结果

b>=20 的值为真（1），按照||运算规则，左边运算结果为真，其值为真，不再处理右侧 b=15。

【例 4-3】　执行下列程序，分析运行结果。

```
/*
    源文件名：ch4-3.c
    功能：逻辑短路运算
*/
#include  <stdio.h>
void main()
{
    int x,y,z;
    x=y=z=1;
    ++x||++y&&++z;                  //因为||是短路运算符,++y 和++z 均不执行
    printf("x=%d,y=%d,z=%d\n",x,y,z);
    x=y=z=1;
    ++x&&++y||++z;                  //||运算的左边逻辑与表达式的值为 1,故++z 不执行
    printf("x=%d,y=%d,z=%d\n",x,y,z);
    x=y=z=1;
    ++x&&++y&&++z;                  //短路运算符在这里没起作用,++x、++y 和++z 均执行
    printf("x=%d,y=%d,z=%d\n",x,y,z);
}
```

运行结果如图 4-4 所示。

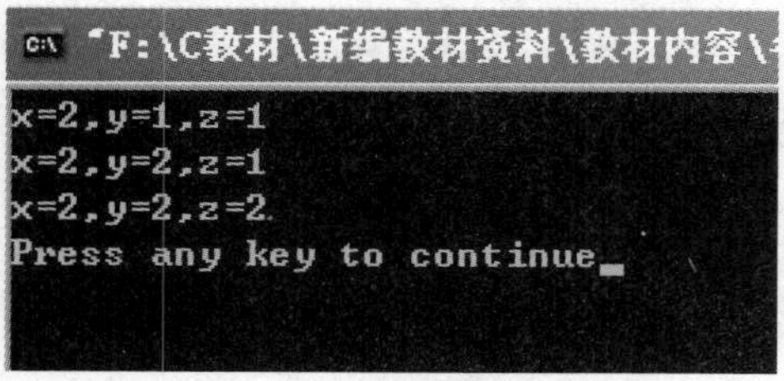

图 4-4　［例 4-3］的运行结果

4.2.3　条件运算符和条件表达式

（1）条件运算符为？：是 C 语言中唯一的一个三目运算符，由条件运算符组成的式子称为条件表达式，其一般形式为

表达式 1？表达式 2：表达式 3

其求值过程：先计算表达式 1 的值，如果为真（非零），则整个表达式的值为表达式 2 的值，否则为表达式 3 的值。条件表达式通常用于赋值语句中。

（2）条件运算符优先级低于算术运算符，但高于赋值运算符。条件运算符"？"和"："是一对运算符，不能分开单独使用。

（3）C 语言运算符的优先级见附录 C。

【例 4-4】　求解条件表达式的值。

```
/*
```

```
    源文件名：ch4-4.c
    功能：条件表达式求值
*/
#include <stdio.h>
void main()
{
    int a,b,max;
    a=6;b=10;
    max=(a>b?a: b);
    printf("max=%d\n",max);
}
```

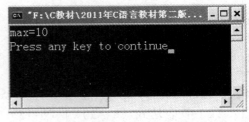

图 4-5　[例 4-4]的运行结果

运行结果如图 4-5 所示。

4.3　if 语 句

if 语句是用来判定所给定的条件是否满足，根据判定的结果（真或假）决定执行给出的两种操作之一。

C 语言提供了 3 种形式的 if 语句，分别是 if 形式、if-else 形式和 if-else-if 形式。

4.3.1　单分支 if 语句

（1）格式：if（表达式）语句

（2）执行过程：求解表达式的值，如果值为真（值为非 0），则执行其后的内嵌"语句"，若为假（值为 0）整个 if 语句执行结束，继续执行后面的语句。执行过程如图 4-6 所示。例如：

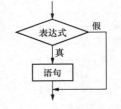

```
if(x>y)printf("%d",x);
```

例如：下面程序的功能是当 x 非零时，输出 C Program。

图 4-6　单 if 形式的流程图

```
if(x)printf("C Program");//等价于 if(x!=0)
                         printf("C Program");
```

（3）当表达式之后的语句多于一条时，应使用大括号括起来。又如：

```
if(x>y){m=x;printf("m=%d",m);}
```

【例 4-5】　使用单分支 if 语句，输出两个整数的最大值。

```
/*
    源文件名：ch4-5.c
    功能：求两个整数的最大数
*/
#include <stdio.h>
void main()
{
    int  num1,num2,max;
    printf("请输入两个整数：");
    scanf("%d,%d",&num1,&num2);
    if(num1>num2)max=num1;
    if(num1<=num2)max=num2;
    printf("两个数中的最大数为：%d\n",max);
```

}

运行结果如图 4-7 所示。

（1）第一个 if 语句判断 num1 是否大于
num2，若 num1>num2，则将 max 的值置为
num1 的值。第二个 if 语句判断 num1 是否小
于等于 num2，若 num1<=num2，则将 max
的值置为 num2 的值。

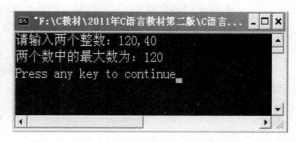

图 4-7　［例 4-5］的运行结果

（2）if（表达式）中的表达式必须用圆括
号括起来，不能省略。表达式可为关系表达式，也可以使用逻辑表达式，还可以是一个常量
或一个变量。如 if（3）或 if（num）等。

4.3.2 双分支 if 语句

（1）双分支 if 语句的一般形式为

if（表达式）
    语句 1；
else
    语句 2；

（2）双分支 if 语句的执行过程：如果表达式为真，执行语句
1；否则执行语句 2。执行过程如图 4-8 所示。

（3）当语句 1 或语句 2 多于一条语句时，应使用大括号括
起来。

（4）使用 if 语句时，不要随意加分号，否则会造成语法错误。
例如，下面两种形式都是错误的。

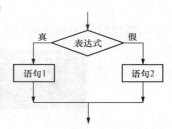

图 4-8　if-else 形式的流程图

形式一

```
if(num1>60);   //此处分号不正确
    printf("A\n");
else
    printf("B\n");
```

形式二

```
if(num1>60)
    printf("A\n");
else;          //此处分号不正确
    printf("B\n");
```

【例 4-6】 使用双分支 if 语句，输出两个整数的最大值。

```
/*
    源文件名：ch4-6.c
    功能：求两个整数的最大数
*/
#include <stdio.h>
void main()
{
    int  num1,num2,max;
    printf("请输入两个整数：");
    scanf("%d,%d",&num1,&num2);
    if(num1>num2)
        max=num1;
    else
        max=num2;
```

```
    printf("两个数中的最大数为：%d\n",max);
}
```

运行结果如图 4-7 所示。

与［例 4-5］程序相比，［例 4-6］程序只是将第二个 if 语句修改，使用了 if-else 语句计算最大值。

【例 4-7】 编写 C 语言程序实现下述功能：判断某一年是否为闰年。

```
/*
    源文件名：ch4-7.c
    功能：判断闰年
*/
#include <stdio.h>
void main()
{
    int  year;                                  //定义一个整型变量存放年号
    printf("请输入年号：");                      //提示信息
    scanf("%d",&year);                          //为 year 变量赋值
    if((year%4==0)&&(year%100!=0)||(year%400==0))
        printf("%d 年是闰年\n",year);
    else
        printf("%d 年不是闰年\n",year);
}
```

运行结果如图 4-9 所示。

(a)

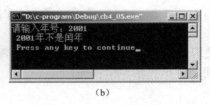
(b)

图 4-9　［例 4-7］可能出现的两种运算结果

(a) 输入年号是闰年；(b) 输入年号不是闰年

（1）判断某年为闰年有如下两种情况。

1）该年的年号能被 4 整除但不能被 100 整除；

2）该年的年号能被 400 整除。

（2）假定在程序中使用整型变量 year 表示年号，上述两种情况的条件表达式可以表示为

`(year%4==0)&&(year%100!=0)||(year%400==0)`

当表达式的值为真时则该年为闰年，否则不是闰年。

思　考

如果判断是平年，应该如何修改上述程序中的条件表达式？

【例 4-8】 编写程序实现下述功能：求分段函数的值。

$$f(x)=\begin{cases} 0 & x<0 \\ 2x+1 & x\geq 0 \end{cases}$$

```
/*
    源文件名：ch4-8.c
    功能：求解分段函数
*/
#include <stdio.h>
void main()
{
    float x,y;                          //定义两个单精度实型变量
    printf("请输入一个实数：");          //提示信息
    scanf("%f",&x);                     //为 x 变量赋值
    if(x<0)
        y=0;
    else
        y=2*x+1;
    printf("f(%.1f)=%.2f\n",x,y);       //输出分段函数的值
}
```

运行结果如图 4-10 所示。

4.3.3 多分支 if 语句

（1）if-else-if 语句的一般形式为

if（表达式 1）　　　　语句组 1
else　if（表达式 2）　语句组 2
else　if（表达式 3）　语句组 3
　　　　　　…
else　if（表达式 *n*）　语句组 *n*
else　语句组 *n*+1

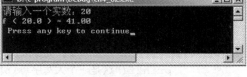

图 4-10　　[例 4-8] 运行结果

（2）多分支 if 语句的执行过程：依次求解表达式的值，并判断其值，当某个表达式的值为真，则执行其后对应的语句组。然后跳过剩余的 if 语句组，执行后续程序。如果所有表达式的值均为假，则执行最后一个 else 语句组 *n*+1，然后再执行后续程序。执行过程如图 4-11所示。例如：

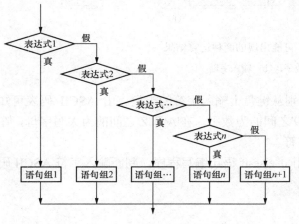

图 4-11　　if-else-if 形式流程图

```
if(number>500)cost=0.15;
else if(numbe>300)cost=0.10;
else if(number>100)cost=0.075;
else if(number>50)cost=0.05;
else            cost=0;
```

（3）说明：

1）if 后面的括号不能省略。

2）if 语句中的表达式可以是任何类型，一般情况下使用关系表达式或逻辑表达式。表达式为非零时，表达式的逻辑值就是真，否则就是假。

3）else 语句是 if 语句的子句，它是 if 语句的一部分。else 子句不能作为一个语句单独使用。

4）如果语句多于一条，即两条和两条以上时，应使用花括号{}将其括起来，成为一个复合语句；只有一条语句时，可以不使用花括号{}，但是为了提高程序的可读性和防止程序的书写错误，建议读者在 if 和 else 之后的语句不管有多少，都应加上花括号{}。

【例 4-9】 编写 C 语言程序。从键盘上输入一个字符，识别输入字符的类型：大写、小写、数字或其他字符。

```
/*
    源文件名：ch4-9.c
    功能：判断字符类型
*/
#include <stdio.h>
void main()
{
    char ch;                          //定义一个字符型变量
    printf("请输入一个字符：");         //提示信息
    scanf("%c",&ch);                  //为 ch 变量赋值
    if(ch>='0'  && ch<='9')
        printf("这是一个数字\n");
    else if(ch>='A'  &&  ch<='B')
        printf("这是一个大写字母\n");
    else if(ch>='a'  &&  ch<='z')
        printf("这是一个小写字母\n");
    else
        printf("这是一个其他字符\n");
}
```

运行结果如图 4-12 所示。

　　　　　　（a）　　　　　　　　　　　　　　　　　（b）

图 4-12　［例 4-9］可能出现的两种运算结果

(a) 输入数字；(b) 输入字母

（1）根据输入字符的 ASCII 码值来判别从键盘上输入字符的类型。由 ASCII 码表可知 ASCII 码值小于 32 的为控制字符。在'0'和'9'之间的为数字，在'A'和'Z'之间的为大写字母，在'a'和'z'之间的为小写字母，其余的为其他字符。

（2）这是一个多分支选择的问题，使用 if-else-if 语句编写程序，判断输入字符 ASCII 码值所在的范围，给出不同的输出。

思 考

如果将条件式中的字符常量使用相应的 ASCII 码值替换，程序是否能正确运行？应如何修改程序？

4.4 switch 语 句

switch 语句是多分支选择语句。例如，学生成绩分类（90 分以上为优等，80～89 分为良好，60～79 分为及格，60 分以下为不及格）；人口统计分类（按年龄分为老、中、青、少）；工资统计分类；超市物资分类等。使用 switch 语句实现可以使程序简洁且可读性好。

（1）switch 语句的一般形式为

```
switch（表达式）
{
    case   常量 1：语句组 1；break；
    case   常量 2：语句组 2；break；
                ⋯
    case   常量 n：语句组 n；break；
    default：      语句组 n+1；break；
}
```

（2）switch 语句的执行过程：先计算表达式的值，并逐个与 case 后的常量比较，当表达式的值与某个常量的值相等时，执行对应该常量后面的语句组。如果表达式的值与所有 case 之后常量的值均不相等，则执行 default 之后的语句组。

使用 switch 结构设计多分支选择结构程序，可使程序的可读性更高。执行过程如图 4-13 所示。

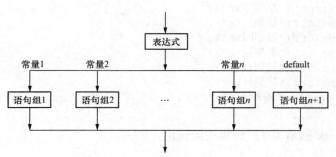

图 4-13　switch 语句流程图

例如，输入一个数字（1～7），输出对应星期的程序段。

```
switch(week)
{
    case  1: printf("星期一\n ");break;
    case  2: printf("星期二\n ");break;
    case  3: printf("星期三\n ");break;
    case  4: printf("星期四\n ");break;
    case  5: printf("星期五\n ");break;
    case  6: printf("星期六\n ");break;
    case  7: printf("星期日\n ");break;
```

```
default: printf("输入错误!\n");break;
}
```

（3）说明：

1）switch 后面圆括号内的表达式，可以是整型表达式、字符型表达式或枚举型表达式。

2）switch 语句结构的执行部分是由一些 case 子句和一个默认的 default 子句组成的复合语句，必须用一对花括号括起来。

3）每一个 case 后面常量的值都要互不相同，不然就会出现同一个条件有多种执行方案的矛盾。

4）每一个 case 出现的次数不影响执行结果。例如，可以先出现"case 6：…"，然后是"case 1：…"。

5）case 和 default 后面常量仅起语句标号作用，并不进行条件判断。当表达式的值和某个 case 后面常量的值相等时，则执行该 case 后面的语句组，直到遇到 break 语句为止。如果所有 case 后面常量的值都和表达式的值不匹配，则执行 default 后面的语句组直到 break 语句；如果没有 default，则什么都不执行，直接执行 switch 的后续语句。

6）当表达式的值和某个 case 后面常量的值相等时，程序将从该 case 后面的语句开始执行，以后不再进行其他 case 的条件判断。所以每一个 case 和 default 之后的语句组后面都应该加上 break 语句，以便程序执行完每一种情况后能结束 switch 语句。如果不加，则会出现异常错误。例如，将上面程序段修改如下。

```
switch(week)
{
    case 1: printf("星期一\n");
    case 2: printf("星期二\n");
    case 3: printf("星期三\n");
    case 4: printf("星期四\n");
    case 5: printf("星期五\n");
    case 6: printf("星期六\n");
    case 7: printf("星期日\n");
    default: printf("输入错误!\n");
}
```

若输入变量 week 的值为 1，则将连续输出：

```
星期一
星期二
星期三
星期四
星期五
星期六
星期日
输入错误!
```

7）最后一个分支可以不加 break 语句。

8）多个 case 可以共用一组执行语句，例如：

```
switch(week)
{
    case 1:
    case 2:
```

```
    case   3:
    case   4:
    case   5:
    case   6:
    case   7: printf("输入了正确的星期\n");
    default: printf("输入错误!\n");
}
```

week 的值为 1、2、3、4、5、6、7 时都执行同一组语句。

【例 4-10】 使用 switch 语句编写 C 语言程序，根据成绩打印出等级。

```
/*
    源文件名：ch4-10.c
    功能：输出成绩等级
*/
#include  <stdio.h>
void main()
{
    float score;
    int cj;
    printf("请输入一个百分制成绩：");
    scanf("%f",&score);
    cj=score/10;
    switch (cj)
    {
        case   10:
        case    9: printf("优秀\n");break;
        case    8:
        case    7: printf("良好\n");break;
        case    6: printf("及格\n");break;
        case    5:
        case    4:
        case    3:
        case    2:
        case    1:
        case    0: printf("不及格\n");break;
        default: printf("成绩输入错误! \n");
    }
}
```

运行结果如图 4-14 所示。

（1）要想完成根据成绩输出等级的功能，必须先定义一个存放成绩的实型变量 score，并且通过 score/10，将其定位在一个区间的取值点上。

图 4-14 ［例 4-10］的运行结果

（2）switch 仅能判断一种逻辑关系，即<表达式>的值和指定的常量值是否相等。它不能进行大于、小于某个值的判断，不能表达区间的概念。

📝 **思 考**

（1）在运行程序时，若输入成绩为–9～–1 时，屏幕显示 "不及格"；若输入成绩为 101～109 时，屏幕显示 "优秀"，为什么？应如何修改程序？

（2）if-elseif 语句和 switch 语句都能完成多分支的功能，两者之间能否完全替代？请举例说明。

4.5 任 务 实 施

通过对 4.2～4.4 节的学习，我们了解了 if 语句和 switch 语句的使用方法，并学习了关系运算符、逻辑运算符、条件运算符及其表达式的使用方法。对 4.1 节任务中提到的问题，很容易在上文中找到答案。现在完成 4.1 节的任务。

4.5.1 任务分析

（1）思路。个人所得税额的计算方法如下。

个人所得税额=应纳税所得额*适用税率−速算扣除数，其中：

1）应纳税所得额=工资薪金所得−保险金额−3500。

2）个税免征额是 3500 元。

3）表 4-3 列出了 2012 年现行的 7 级超额累进个人所得税税率。

表 4-3   2012 年现行的 7 级超额累进个人所得税税率

级数	全月应纳税所得额/元	税率（%）	速算扣除数/元
1	不超过 1500 元	3	0
2	超过 1500 元至 4500 元的部分	10	105
3	超过 4500 元至 9000 元的部分	20	555
4	超过 9000 元至 35 000 元的部分	25	1005
5	超过 35 000 元至 55 000 元的部分	30	2755
6	超过 55 000 元至 80 000 元的部分	35	5505
7	超过 80 000 元的部分	45	13 505

例如，某人某月工资薪金减去应缴纳的保险金额后为 5500 元，其个人所得税额为（5500−3500）×10%−105=95 元

（2）根据任务需求分析，需要定义变量存放职工的月工资薪金、需缴纳的保险税额、个人所得税额。任务中所用到的数据变量分析如表 4-4 所示。

表 4-4   本章任务中变量的定义

变量名	含 义	数据类型	数据来源
pay	职工月工资薪金	float	键盘输入
baoxian	职工需缴纳的保险额	float	键盘输入
tax	个人所得税额	float	计算得到

（3）编程步骤。

输入数据：通过 scanf()函数从键盘上输入职工月工资薪金、需要缴纳的保险额。

中间计算：通过多路选择求解相应的个人所得税额。

输出数据：通过 printf()函数输出个人所得税额。

4.5.2　程序代码

```
/*
    源文件名：ct4-1.c
    功能：计算个人所得税
*/
#include <stdio.h>
void main()
{
float pay,baoxian,tax,temp;
printf("\n 请输入您的月工资薪金：");
scanf("%f",&pay);
printf("\n 请输入您需缴纳的保险金额：");
scanf("%f",&baoxian);
temp=pay-baoxian-3500;
if(temp==0)
    tax=0;
else if(temp<=1500)
    tax=temp*0.03;
else if(temp<=4500)
    tax=temp*0.1-105;
else if(temp<=9000)
    tax=temp*0.2-555;
else if(temp<=35000)
    tax=temp*0.25-1005;
else if(temp<=55000)
    tax=temp*0.3-2755;
else if(temp<=80000)
    tax=temp*0.35-5055;
else
    tax=temp*0.45-13505;
printf("\n 您本月需要缴纳的个人所得税额为：%.2f 元\n",tax);
}
```

4.6　本　章　小　结

4.6.1　知识点

本章主要讲解了 if 语句和 switch 语句，并介绍了关系运算符、逻辑运算符、条件运算符及它们的表达式，概要说明了 C 语言的选择结构设计过程。本章的知识结构如表 4-5 所示。

表 4-5　　　　　　　　　　　　　　本章知识结构

选择结构	关系运算符	＞＝　＞　＜　＜＝　＝＝　！＝
	逻辑运算符	&&　‖　-
	条件运算符	？：

续表

选择结构	if 语句的形式	单 if
		if-else 形式
		if-else-if 形式（用于区间范围的多路分支）
	switch 语句	表达形式（用于有限个列举的多路分支）
		注意问题： （1）switch 后面的表达式为整型、字符型和枚举型； （2）case 后面只能是常量组成的表达式； （3）case 后面的表达式必须各不相同； （4）case 的次序不影响执行结果； （5）每一个 case 之后的语句组中最后一条语句应为 break 语句

4.6.2　常见错误

（1）if 语句之后多了"；"。仔细比较下面的两个程序段：

```
if(a>b)                 if(a>b);
    a=b;                    a=b;
```

左边的程序段只有一条 if 语句，而右边的程序段却包含两条 C 语言语句，一条是 if 语句，另一条是赋值语句，并且 if 语句中的程序段是条空语句。

（2）case 子句后面的程序段中漏掉了 break。仔细比较下面两个程序段，当从键盘上输入字符'Y'，左边程序正确，右边程序出错，因为 case 子句的后面漏掉了 break。

```
ch=getchar();                ch=getchar();
switch(ch)                    switch(ch)
{                              {
case'Y': printf("yes\n");      case'Y': printf("yes\n");
      break;                              //漏掉了 break 语句
case'N': printf("no\n");        case'N': printf("no\n");
      break;                            break;
}                              }
```

（3）case 后面跟着变量表达式。在 switch 语句中，case 后面必须是常量表达式，不能是变量或变量表达式，下面的程序段是错误的。

```
ch1=getchar();
ch2=getchar();
ch=getchar();
switch(ch)
{
    case ch1: printf("ok\n");break;
    case ch2: printf("error\n");break;
}
```

4.7　课　后　练　习

一、选择题

1. 以下关于逻辑运算符两侧运算对象的叙述中正确的是_____。

A. 只能是整数 0 或 1　　　　　　　B. 只能是整数 0 或非 0 整数
C. 可以是复杂数据类型的数据　　　D. 可以是任意合法的表达式

2. 判断 char 型变量 s 是否为小写字母的正确表达式是＿＿＿＿＿＿。
　A. 'a'＜＝s＜＝'z'　　　　　　　　B. （s＞＝'a'）&（s＜＝'z'）
　C. （s＞＝'a'）&&（s＜＝'z'）　　　D. （'a'＜＝s）and（'z'＞＝s）

3. 指出下列程序段所表示的逻辑关系是＿＿＿＿＿＿。

```
if(a<b)
   {if(c==d)
      x=10;
   }
else
      x=-10;
```

A. $x=\begin{cases}10 & a<b且c=d \\ -10 & a\geq b且c\neq d\end{cases}$　　　B. $x=\begin{cases}10 & a<b且c=d \\ -10 & a\geq b\end{cases}$

C. $x=\begin{cases}10 & a<b且c=d \\ -10 & a<b且c\neq d\end{cases}$　　　D. $x=\begin{cases}10 & a<b且c=d \\ -10 & c\neq d\end{cases}$

4. 已知 int a＝1，b＝2，c＝3；以下语句执行后 a，b，c 的值是＿＿＿＿＿。

```
if(a>b)
   c=a;a=b;b=c;
```

A. a＝1，b＝2，c＝3　　　　　B. a＝2，b＝3，c＝3
C. a＝2，b＝3，c＝1　　　　　D. a＝2，b＝3，c＝2

5. 若 a、b、c1、c2、x、y 均为整型变量，正确的 switch 语句是＿＿＿＿＿＿。

```
A. switch（a+b）;
   {
   case 1: x=a+b;break;
   case 0: y=a-b;
   break;
    }
```
```
B. switch a
    {
     case c1: y=a-b;break;
     case c2: x=a*d;break;
     default: x=a+b;
    }
```
```
C. Switch（a*a+b*b）
   {
   case 3:
   case 1: x=a+b;break;
   case 3: y=b-a;break;
   default: y=a*b;break;
   }
```
```
D. switch（a-b）
    {
    case 3: x=a+b;break;
case 10:
case 11: y=a-b;break;
    }
```

二、写出下列逻辑判断的表达式

1. m 被 3 整除。
2. 成绩 grade 在 70～80（包含 70，不包含 80）。
3. x 和 y 不同时为 0。
4. a 是奇数或者 b 是偶数。
5. ch 为大写字母。
6. a 取值为 10 或 11，且 b 的取值在[10.0，20.0]。

三、下面程序根据以下函数关系，对输入的每个 x 值，计算出 y 值。请在【 】内填空

x	y
$x>10$	x
$2<x\leq10$	x $(x+2)$
$-1<x\leq2$	$1/x$
$x\leq-1$	$x-1$

```c
#include "stdio.h"
void main()
{
        int x,y;
        scanf("%d",&x);
        if(【1】 )y=x;
        else if(【2】 )y=x*(x+2);
        else if(【3】 )y=1/x;
        else y=x-1;
        printf("%d",y);
}
```

四、写出下列程序的运行结果

1.
```c
#include <stdio.h>
void main()
{
    int x,y,z,i,j;
    x=4,y=3,z=2;
    i=y>z;
    j=x>y>z;
    printf("%d,%d,",i,j);
    printf("%d,",z>y==3);
    printf("%d,",y+z<x);
    printf("%d\n",y+2>=z+1);
}
```

2.
```c
#include <stdio.h>
void main()
{
    int a=1,b=2,c=3;
    if(c=a)printf("%d\n",c);
    else printf("%d\n",b);
}
```

3.
```c
#include <stdio.h>
void main()
{
    int p,a=0;
    if(p=a!=0)printf("%d\n",p);
    else printf("%d\n",p+2);
}
```

4.
```c
#include <stdio.h>
```

```
void main()
{
    int a=4,b=3,c=5,t=0;
    if(a<b)t=a;a=b;b=t;
    if(a<c)t=a;a=c;c=t;
    printf("%d,%d,%d\n",a,b,c);
}
```

5.
```
#include  <stdio.h>
void main()
{
    int a=5,b=4,c=3,d=2;
    if(a>b>c)printf("%d\n",d);
    else if((c-1>=d)==1)printf("%d\n",d+1);
    else printf("%d\n",d+2);
}
```

6.
```
#include  <stdio.h>
void main()
{
    int x=1,a=0,b=0;
    switch(x)
    {
    case 0: b++;
    case 1: a++;
    case 2: a++;b++;
    }
    printf("a=%d,b=%d\n",a,b);
}
```

五、阅读下面的程序，指出其中的错误及其原因

1.
```
#include  <stdio.h>
void main()
{
    int a,b;
    printf("输入两个整型数据: ");
    scanf("%d%d",a,b);
    if(a>b);
        temp=a;
        a=b;
        b=temp;
    printf("\na-b=",a-b);
}
```

2.
```
#include  <stdio.h>
void main()
{
    int a,b,c;
    printf("输入 3 个整型数据: ");
    scanf("%d%d",&a,&b,&c);
    if(a>b>c)printf("\nthe max is: %d",a)
    else if(b>a>c)printf("\nthe max is: %d",b);
```

```
    else printf("\nthe max is: %d",c);
}
```

六、编写程序

1. 输入一个整数，判断该数的奇偶性。

2. 输入三个数，找出其中最大数。

3. 输入两个数，将其按由大到小顺序输出。

4. 试编写一段程序：求分段函数 $y=f(x)$ 的值，$f(x)$ 的表达式为

$$f(x) = \begin{cases} x^2-1 & x<-1 \\ x^2 & -1\leqslant x \leqslant 1 \\ x^2+1 & x>1 \end{cases}$$

5. 用 if 语句和 switch 语句分别编写 C 语言程序，实现从键盘输入数字 1、2、3、4，分别显示 excellent、good、pass、fail。输入其他字符时显示 error。

6. 编写一个 C 语言程序，首先让用户在下面两个选项中选择一个。

（1）把温度从摄氏度转换成华氏度。

（2）把温度从华氏度转换成摄氏度。

然后提示用户输入温度值，并输出转换后的新值。

【提示】　摄氏度转华氏度：把输入的值乘以 1.8 加 32。

华氏度转摄氏度：把输入的值减去 32，乘以 5，再除以 9。

4.8　综　合　实　训

实训 1　简单 if 语句的应用

【实训目的】

（1）深入理解 if 语句的含义。

（2）熟练运用单 if 和 if-else 进行简单程序设计。

【实训内容】

实训步骤及内容	题　目　解　答	完成情况

1. 运行程序，写出运行结果，分析为什么两段程序结果不一致？
程序一：
`#include "stdio.h"`
`void main()`
`{`
`    int x=10, y=-9;`
`    if (x<y)`
`        x++;`
`        y++;`
`    printf ("x=%d, y=%d", x, y);`
`}`
程序二：
`#include "stdio.h"`
`void main()`
`{`		

实训步骤及内容	题 目 解 答	完成情况
| ```c
    int x=10, y=-9;
    if (x<y)
    {
        x++;
        y++;
    }
    printf ("x=%d, y=%d", x, y);
}
``` | | |
| 2. 运行程序，找出错误并修改。<br>```c
#include "stdio.h"
void main()
{
    int a=0, b=0, c=0, d=0;
    if (a==1)
        b=1;
        c=2;
    else
        d=3;
    printf ("a=%d, b=%d, c=%d, d=%d", a, b, c, d);
}
``` | | |
| 3. 指出下面程序的功能：<br>```c
#include "stdio.h"
void main()
{
    float n1, n2, n3, t;
    printf ("请输入 3 个数：");
    scanf ("%f %f %f", &n1, &n2, &n3);
    if (n1<n2)
    {
        t=n1; n1=n2; n2=t;
    }
    if (n1<n3)
    {
        t=n1; n1=n3; n3=t;
    }
    if (n2<n3)
    {
        t=n2; n2=n3; n3=t;
    }
    printf ("结果为：%f %f %f", n1, n2, n3);
``` | | |
| 4. 编写 C 语言程序，输入两个整数，如果都是正数，输出它们的和，否则输出它们的平方和 | | |
| 实训总结：
分析讨论如下问题：
（1）单 if 和 if-else 的基本结构。
（2）if 条件式的构成。
（3）简单 if 语句的应用范围 | | |

实训 2　多分支 if-else-if 语句和 switch 语句的应用

【实训目的】

（1）掌握 if-else-if 语句的使用。
```

（2）掌握 switch 语句的使用。

【实训内容】

实训步骤及内容	题 目 解 答	完成情况

1. 为什么下面的程序段输出的不是 3？如何修改程序使其输出 3？
`main()`
`{`
`    int a=2;`
`    switch (a)`
`    {`
`    case 2: a++;`
`    case 3: a++;`
`    }`
`    printf ("a=%d\n", a);`
`}`		

2. 编写 C 语言程序：要求用户输入一个字符，检查它是否为元音字母（分别使用 if-else-if 和 switch 语句实现）		
3. 编写 C 语言程序：把百分制成绩转换成 A、B、C、D、E 5 个等级输出。 要求： （1）百分制从键盘输入，分数只能在 0～100 的整数。 （2）转换规则： 90～100：A 级；80～89：B 级 70～79：C 级；60～69：D 级 0～59：E 级 （3）使用 switch 语句实现		
实训总结： 分析讨论如下问题： （1）总结 if-else-if 与 switch 语句的结构特点。 （2）总结 if-else-if 与 switch 语句的应用场合		

4.9 知 识 扩 展

4.9.1 C 语言程序的控制结构

在第 1 章中，我们已经学习了算法的概念，算法就是程序处理数据的流程。描述算法可以使用自然语言描述，虽然自然语言描述通俗易懂，但文字冗长，容易出现语言歧义。描述算法还有另外一种方式即流程图表示方式，流程图利用一些图框来表示各种操作，直观形象，简单易懂。流程图使用的图形符号见表 4-6。

表 4-6   流程图图形符号

图形符号	名　　称	代 表 的 操 作
平行四边形	输出/输入	数据的输入与输出
矩形	处理	各种形式的数据处理
菱形	判断	判断选择，根据条件满足与否选择不同的路径
椭圆	起止	流程的起点与终点

图形符号	名　　称	代 表 的 操 作
	特定过程	一个定义过的过程，如函数
→	流程线	连接各个图框，表示执行顺序
⬭	连接点	表示与流程图其他部分相连接

任何算法都包含 3 种控制结构：顺序结构、选择结构和循环结构。

（1）顺序结构。如图 4-15 所示，所谓顺序结构是指执行完 A 才执行 B。顺序结构是最简单的控制结构。

（2）选择结构，又称分支结构。如图 4-16 所示，选择结构必须包含一个条件判断框。当条件 P 成立时，执行 A，否则执行 B。

（3）循环结构。如图 4-17 所示。图 4-17（a）为先判断条件 P，为真时执行语句，如此反复，否则退出循环。图 4-17（b）先无条件地执行一次语句，再判断条件 P，为真时继续执行语句，如此反复，否则退出循环。

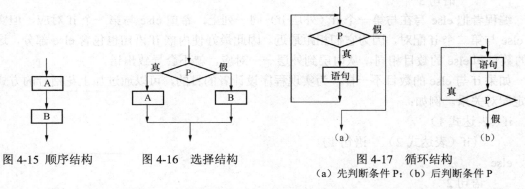

图 4-15　顺序结构　　　图 4-16　选择结构　　　图 4-17　循环结构
（a）先判断条件 P；（b）后判断条件 P

以上 3 种结构的共同特点：①只有一个入口；②控制结构内的每一部分都有机会被执行。

4.9.2　if 嵌套

一个 if 语句中又包含一个或多个 if 语句（或者说 if 语句中的执行语句本身又是 if 结构的语句）称为 if 语句的嵌套。当程序进入某个分支后又引出新的选择时，就要使用嵌套的 if 语句。嵌套 if 语句的标准格式为

if（表达式 1）

　　if（表达式 2）

　　　　语句 1

　　else

　　　　语句 2

else

　　if（表达式 3）

　　　　语句 3

　　else

　　　　语句 4

其含义：先判断表达式 1 的值，若表达式 1 为真，再判断表达式 2 的值，若表达式 2 为真，则执行语句 1，否则执行语句 2。若表达式 1 为假，再判断表达式 3 的值，若表达式 3 为真，则执行语句 3，否则执行语句 4。

这种在 if 语句中又包含 if 语句的选择结构，常用来解决比较复杂的选择问题，其中的每一条语句都必须经过多个条件共同决定才能执行。

在使用 if 嵌套过程中，应当注意 if 与 else 的配对关系。从最内层开始，else 总是与它上面最近的（未曾配对的）if 配对。如果写成

```
if（表达式 1）
    if（表达式 2）
        语句 1
else
    if（表达式 3）
        语句 2
    else
        语句 3
```

编程者把 else 写在与第一个 if（外层 if）同一列上，希望 else 与第一个 if 对应，但实际上 else 与第二个 if 配对，因为它们相距最近。因此最好使内嵌 if 语句也包含 else 部分，这样 if 的数目和 else 的数目相同，从内层到外层一一对应，就不会导致出错。

如果 if 与 else 的数目不一样，为实现程序设计者的目的，可以通过加上花括号的方式来确定配对关系。例如：

```
if（表达式 1）
    {if（表达式 2）   语句 1}
else
    语句 2
```

这时 { } 就限定了内嵌 if 语句的范围，因此 else 与第一个 if 配对。

例如，求分段函数的值

$$f(x)\begin{cases}-1 & x<0 \\ 0 & x=0 \\ 1 & x>0\end{cases}$$

以下几种写法，请判断哪些是正确的。

程序一：

```
#include <stdio.h>
void main()
{
    int  x,y;
    printf("请输入一个整数：");
    scanf("%d",&x);
    if(x<0)y=-1;
    else if(x==0)y=0;
        else y=1;
    printf("x=%d,y=%d\n",x,y);
}
```

程序二：

```
#include <stdio.h>
void main()
{
    int x,y;
    printf("请输入一个整数：");
    scanf("%d",&x);
    if(x>=0)
        if(x>0)y=1;
        else y=0;
    else
        y=-1;
    printf("x=%d,y=%d\n",x,y);
}
```

程序三：

```
#include <stdio.h>
void main()
{
    int  x,y;
    printf("请输入一个整数：");
    scanf("%d",&x);
    y=-1;
    if(x!=0)
        if(x>0)y=1;
    else y=0;
    printf("x=%d,y=%d\n",x,y);
}
```

程序四：

```
#include <stdio.h>
void main()
{
    int x,y;
    printf("请输入一个整数：");
    scanf("%d",&x);
    y=0;
    if(x>=0)
        if(x>0)y=1;
    else
        y=-1;
    printf("x=%d,y=%d\n",x,y);
}
```

请读者画出流程图，并对结果进行分析。只有程序一和程序二是正确的。一般把内嵌的 if 语句放在外层的 else 子句中（如程序一），这样由于有外层的 else 相隔，内嵌的 else 不会和外层的 if 语句配对，只能与内嵌的 if 配对，从而不至于出错。像程序三和程序四就容易出错。

📝 **思 考**

嵌套 if 语句与 if-else-if 语句有何区别，在实际编程过程中这两种选择语句能否用来解决相同的问题？

第5章

循 环 结 构

【知识目标】

3 种循环语句的格式及功能。

3 种循环语句的比较。

break 和 continue 语句的格式及功能。

【技能目标】

for、while、do-while 语句的熟练使用。

for、while、do-while 语句的相互转化。

使用 break 语句结束死循环。

5.1 任 务 导 入

⚙【任务描述】

用户登录验证：通过人机交互的方式，询问用户的用户名及密码，根据系统给定的用户名和密码进行验证，正确则显示"欢迎使用本系统"；否则显示"输入的用户名或密码错误"，返回输入界面继续输入用户名和密码，如果连续 3 次均输入错误，显示"已经输入 3 次，非法用户，禁止使用本系统！"结束程序的执行。程序运行结果如图 5-1 所示。

图 5-1　任务运行结果

（a）验证正确；（b）3 次验证均错误

🎧【提出问题】

（1）如何通过循环控制结构来解决此问题？

（2）运用何种循环结构来具体描述此场景？

（3）3 种循环语句具体如何使用？

5.2 for 语 句

5.2.1 for 语句的一般调用形式

```
for（表达式 1;表达式 2;表达式 3）
    {
        语句组;
    }
```

（1）"表达式 1"可以是任何类型，一般为赋值表达式，也可以是逗号表达式，用于给控制循环次数的变量赋初值。"表达式 1"既可以是设置循环变量的初值，又可以是与循环变量无关的其他表达式。例如：

```
for(count=1,sum=0;count<=10;count++)
```

（2）"表达式 2"可以是任何类型，只要结果是"真"（非 0）或"假"（为 0）的表达式都可以。

（3）"表达式 3"可以是任何类型，一般为赋值表达式，用于修改循环控制变量的值，以便使某次循环后，表达式 2 的值为"假"，从而退出循环。在"表达式 3"中可以使用逗号运算符。例如：

```
for(count=1;count<=10;count++,count++)
```

（4）for 循环中的语句组可以是任何 C 语言语句，可以是单独一条语句，也可以是复合语句。复合语句必须用一对花括号括起来。

（5）for 语句的循环体可以为空，此时循环只起到延时的作用。

5.2.2 for 语句的执行过程

for 语句的执行过程如下。

（1）求解表达式 1。

（2）求解表达式 2，若其值为真，则执行 for 循环的语句组，然后执行下面的第 3 步。若为假，则结束循环，转到第 5 步。

（3）求解表达式 3。

（4）转回上面的第 2 步继续执行。

（5）执行 for 语句下面的一个语句。执行过程如图 5-2 所示。

【例 5-1】 在屏幕上输出 10 行 "hello world!"。

```
/*
    源文件名：ch5-1.c
    功能：输出 10 行 Hello World!
*/
#include <stdio.h>
void main()
{
```

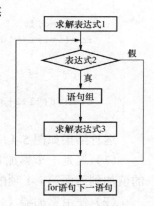

图 5-2 for 形式的流程图

```
int count;
for(count=1;count<=10;count++)
{
    printf("Hello World!\n");
}
}
```

运行结果如图 5-3 所示。

图 5-3 ［例 5-1］的运行结果

（1）第一个语句声明了整型变量 count：int count;。

（2）使用 for 循环反复执行 printf()语句 10 次，输出 10 行 "Hello World!"，其循环控制为 for（count=1；count<=10；count++），循环操作由 for 关键字后面括号中的 3 个表达式控制。

1）第一个表达式：count=1，它初始化了循环控制变量（循环计数器）。也可以采用其他类型的变量，不过整型变量更适合这项工作。

2）第二个表达式：count<=10，它是循环的继续条件。每次循环迭代开始之前，都会检查它，确定是否继续循环。如果该表达式的值为 true，则循环继续。如果它的值为 false，循环结束，执行循环之后的语句。[例 5-1]中，只要变量的值小于等于 10，循环就会继续。

3）第三个表达式：count++，它在每次循环结束时，给循环计数器加 1。因此，printf()语句将被执行 10 次。在第 10 次迭代后，count 增加到 11，继续条件将变为 false，循环结束。

【例 5-2】 编写 C 语言程序实现下述功能：求∑i=1+2+3+…+10 （i=1～10）。

```
/*
    源文件名：ch5-2.c
    功能：求 1+2+3+…+10
*/
#include <stdio.h>
void main()
{
    int s=0,i;
    for(i=1;i<=10;i++)
    {
        s=s+i;
    }
    printf("1+2+3+…+10 = %d\n",s);
}
```

运行结果如图 5-4 所示。

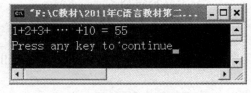

图 5-4 ［例 5-2］的运行结果

（1）这是一个累加和问题，其算法是将第 i 项的值加到前面第 i−1 项的和中，直至加到第 10 项为止。

（2）使用累加器（s=s+i）完成数列求和，其中 s 是存放和的变量，其初值为 0，i 是参加累加的运算数，初值为 1，并且每次通过计数器（i++）取得新的运算数。

（3）s=s+i 等同于 s+=i。

💭 **思 考**

（1）如果求 1+2+3+…+100，应该如何修改上述程序？

（2）如何实现 1～100 以内的所有奇数和。

【例 5-3】　编写 C 语言程序实现下述功能：求 $\prod n$=1×2×3×…×10 　（n=1～10）。

```
/*
    源文件名：ch5-3.c
    功能：求 1*2*3*…*10
*/
#include <stdio.h>
void main()
{
    int i;
    int p=1;
    for(i=1;i<=10;i++)
    {
        p=p*i;
    }
    printf("1*2*3*…*10 = %d \n",p);
}
```

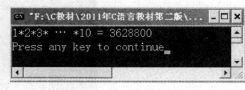

图 5-5　［例 5-3］的运行结果

运行结果如图 5-5 所示。

（1）使用累乘器（p=p*i）来完成数列求积，其中 p 是存放积的变量，其初值为 1，i 存放参加累乘的运算数，初值是 1，并且每次通过计数器（i++）取得新的运算数。

（2）p=p*i 等同于 p*=i。

💭 **思 考**

（1）为什么变量 p 的初值为 1，可不可以为 0？

（2）如果想得到 $n!$，应该如何修改上述程序？

（3）如何实现 2×5×8×11×14×17？

【例 5-4】　编写 C 语言程序实现下述功能：求 Fibonacci 数列 1，1，2，3，5，8，…的前 40 个数，即

f_1=1　　　　（n=1）

f_2=1　　　　（n=2）

f_n=f_n-1+f_n-2　（n≥3）

```
/*
    源文件名：ch5-4.c
    功能：求前 40 项 Fibonacci 数
*/
#include <stdio.h>
void main()
{
    int f,f1=1,f2=1;
    int i;
```

```
printf("前40项Fibonacci数为：\n");
printf("%8d%8d",f1,f2);
for(i=3;i<=40;i++)
{
    f=f1+f2;                    //产生新的Fibonacci数
    f1=f2;                      //存放第1个数
    f2=f;                       //存放第2个数
    printf("%8d",f);            //输出新的Fibonacci数
    if(i%5==0)
        printf("\n");           //按每行5个数输出,满5个数换行
}
}
```

运行结果如图5-6所示。

（1）［例5-4］中除了前两项以外，所有数列当前元素的值是它前面两个元素值的和。

图5-6　［例5-4］的运行结果

（2）当计算出一个新的数列中的元素时，要在临时变量中存储下来。分别用临时变量f1、f2存放前两项，当前元素存放在f中。当进行一次计算时，要更新f1和f2的值，i的值每次加1，这样一次次重复执行。

（3）需要输出40项，也就是在这个for循环中，循环的次数是确定的，i从3～40为38次。

思考

如果输出前24项Fibonacci数，要求每行输出6个数，应如何修改程序？

【例5-5】　编写C语言程序实现下述功能：从键盘上输入若干个整数，直到输入的数据为-999为止，输出它们的最大数。

```
/*
    源文件名：ch5-5.c
    功能：求若干整数的最大数
*/
#include <stdio.h>
void main()
{
    int num,max,i=1;
    printf("请输入第%d个整数: ",i);
    scanf("%d",&num);
    max=num;
    for(;num!=-999;)
    {
        if(max<num)max=num;
```

```
        i=i+1;
        printf("请输入第%d个整数: ",i);
        scanf("%d",&num);
    }
    printf("最大数为: %d\n",max);
}
```

运行结果如图 5-7 所示。

（1）查找最大数的算法：先读取第一个数，令其为最大数，并将其赋给存放最大数的变量 max；然后，读取第二个数，并让 max 与第二个数比较，如果第二个数大，则将第二个数赋值给 max；接着读取第三个数。如此操作，一直到所读取的数等于–999 为止，最终 max 中存放的就是 n 个数中的最大数。

图 5-7 ［例 5-5］的运行结果

（2）定义 3 个整型变量 num、max、i，分别用于存放输入的整数，最大数及输入数据的个数。

（3）［例 5-5］中使用特定条件作为循环继续的标志 num!= –999

5.2.3 for 语句的几点说明

（1）for 语句中"表达式 2"可以为关系表达式或逻辑表达式，用于控制循环是否继续执行。例如，for (; num!=-999;) 或 for (i=0; (c=getchar()) !='\n'; i+=c)。

（2）for 循环中的 3 个表达式都是可选项，可以省略其中一个、两个或三个，但";"不能省略。

1）省略"表达式 1"，但其后的分号必须保留，表示不对循环控制变量赋初值。此时应在 for 语句前面设置循环初始条件。例如：

```
i=1;
for(;i<=100;i++)
```

2）省略"表达式 2"，但其后的分号必须保留。此时不判别循环条件，认为循环条件始终为"真"，循环将无终止地进行下去。此时在循环体内应有退出循环的语句。例如：

```
for(i=1,s=0;;i++)
{
        if(i>100)break;
        s=s+i;
}
```

3）省略"表达式 3"，则不对循环控制变量进行操作，这时可在循环体中加入修改循环控制变量的语句。应特别注意，表达式 3 后无分号。例如：

```
for(i=1,s=0;i<=100;)
{
        s=s+i;
        i++;
}
```

（3）三个表达式都省略。"for（;;）语句;"，是一个无限循环的结构。对于这种形式的 for 语句，一般在循环体内应设有退出循环的语句。例如：

```
i=1,s=0;
for( ;;)
```

```
{
    if(i>100)break;
    s=s+i;
    i++;
}
```

💡 **思 考**

如何实现输入一组学生的成绩，求其平均成绩。要求：当输入的成绩大于 100 或小于 0 时，程序终止并输出平均成绩。

5.3　while　语　句

5.3.1　while 语句的一般调用形式

```
while（表达式）
{
    语句组;
}
```

5.3.2　while 语句的执行过程

先计算 while 后面表达式的值，如果其值为真（值为非 0），则执行循环体中的语句组；执行一次循环体后，再判断 while 后面表达式的值，如果其值仍然为真，则继续执行循环体中的语句组。如此反复，直到表达式的值为假，退出循环结构。执行过程如图 5-8 所示。

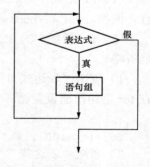

【例 5-6】 编写 C 语言程序：使用 while 语句求$\sum i$=1+2+3+⋯+10（i=1~10）。

图 5-8　while 形式的流程图

```
/*
    源文件名：ch5-6.c
    功能：求 1+2+3+⋯+10
*/
#include <stdio.h>
void main()
{
    int s=0,i=1;
    while(i<=10)
    {
        s=s+i;
        i=i+1;
    }
    printf("1+2+3+⋯+10 = %d\n",s);
}
```

（1）可以看到：同一个问题可以使用 for 语句处理，也可以使用 while 语句实现。

（2）[例 5-6] 中 i 是用于计算重复次数和参与运算的循环变量，它的初始值为 1；i=i+1 计算下一次将要参与运算的数据；表达式 i<=10 则用于判断是否还要继续重复循环体中的操作。

5.3.3 while 语句的几点说明

（1）while 语句的特点是先计算表达式的值，然后根据表达式的值决定是否执行循环体中的语句。因此，如果表达式的值开始就为"假"，循环将一次也不执行。

（2）在程序执行循环时，应给出循环的初始条件，如［例 5-6］中的"i=1；"。循环体中如果只有一条语句，可以不加花括号；如果包含一个以上的语句，则应用花括号括起来，形成复合语句。

（3）循环体必须有使循环趋于结束的语句（［例 5-6］中的 i=i+1；），否则会出现死循环（循环永远不结束）。

（4）注意循环的边界问题，即循环的初值和终值有没有被多计算或少计算。如 while（i<=10），如果写成 while（i<10）则会少读取一个数。

【例 5-7】 编写 C 语言程序实现下述功能：从键盘上输入一个不为 0 的整数，求组成该整数的各位数字之和。

```
/*
    源文件名：ch5-7.c
    功能：求一个非 0 整数的各位数字之和
*/
#include <stdio.h>
void main()
{
    int num,s=0;
    printf("请输入一个整数：");
    scanf("%d",&num);
    while(num!=0)
    {
        s=s+num%10;
        num=num/10;
    }
    printf("该数的各位数字之和为：%d\n",s);
}
```

运行结果如图 5-9 所示。

1）通过多次除 10 能够使其他的位数变为个位，再通过和 10 的余数取出个位数，从而达到分离每一位的目的。

2）定义两个整型变量 num、s，分别用于存放输入的整数及每一位的和。

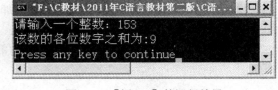

图 5-9 ［例 5-7］的运行结果

3）本例中使用特定条件：num!=0 作为循环结束的标志。

5.4 do–while 语 句

5.4.1 do-while 语句的一般调用形式

```
do
{
    语句组；
}while（表达式）；
```

5.4.2　do-while 语句的执行过程

先执行 do 后面的语句组；然后计算 while 后面表达式的值，如果其值为真，则继续执行语句组，直到表达式的值为假，此时循环结束。执行过程如图 5-10 所示。

【**例 5-8**】　使用 do-while 语句编写 C 语言程序：求 $\sum i$=1+2+3+…+10　（i=1～10）。

```
/*
    源文件名：ch5-8.c
    功能：求 1+2+3+…+10
*/
#include <stdio.h>
void main()
{
    int s=0,i=1;
    do
    {
        s=s+i;
        i=i+1;
    } while(i<=10);
    printf("1+2+3+…+10 = %d\n",s);
}
```

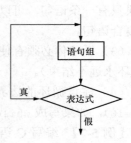

图 5-10　do-while 形式的流程图

（1）可以看到：同一个问题也可以使用 do-while 语句处理。

（2）一般情况下，使用 while 语句和使用 do-while 语句处理同一问题时，若二者的循环体部分相同，它们的结果也相同。但如果表达式的值一开始就为假时，两种循环的结果是不同的。

5.4.3　do-while 循环和 while 循环的区别

（1）do-while 循环总是先执行一次循环体，然后再求表达式的值。while 循环先判断循环条件再执行循环体。当 while 之后表达式的第一次值为真时，两种循环得到的结果相同。否则，二者结果不同（指二者具有相同循环体的情况）。

（2）在 while 语句中，表达式后面不能加分号，而在 do-while 语句的表达式后面则必须加分号。

【**例 5-9**】　编写 C 语言程序实现下述功能：从键盘上输入 6 个整数，统计其中奇数的个数。

```
/*
    源文件名：ch5-9.c
    功能：统计 6 个整数中奇数的个数
*/
#include <stdio.h>
void main()
{
    int num,i=1,count=0;
    do
    {
        printf("请输入第%d 个整数：",i);
        scanf("%d",&num);
        if(num%2!=0)count++;
        i++;
```

```
}while(i<=6);
printf("输入数据中奇数的个数为：%d\n",count);
}
```

运行结果如图 5-11 所示。

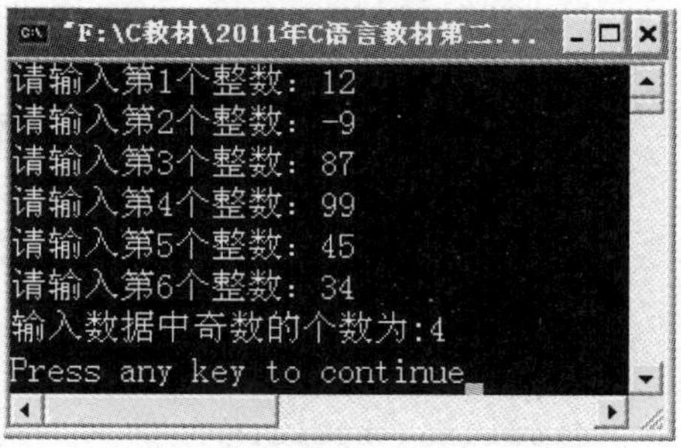

1）定义 3 个整型变量 num、i、count，分别用于存放输入的整数、输入数据的个数及统计奇数的个数。

2）count 的初始值为 0，循环体中逐个输入数据，判断是奇数，count 的值增加 1。

3）[例 5-9] 中使用特定条件：i<=6 作为循环结束的标志。

图 5-11 [例 5-9] 的运行结果

思考

修改 [例 5-9] 程序，实现从键盘输入 6 个字符，统计其中大写字母的个数。

（1）可以使用 getchar()函数从键盘接收一个字符：ch=getchar();

（2）判断是否为大写字母的条件：ch>='A' && ch<='Z'

5.5　3 种循环语句的比较

3 种循环语句的比较如表 5-1 所示。

表 5-1　　　　　　　　　　　　3 种循环语句的比较

	for 语句	while 语句	do-while 语句

语句格式	for（表达式 1；表达式 2；表达式 3）
	{
	　语句组；
	}
		while（条件式）
		{
		　语句组；
		}
			do
			{
			　语句组；
			} while（条件式）;

循环变量初值	在表达式 1 中设置	在 while/do 语句之前设置	
循环条件	在表达式 2 中指定	在 while 之后的表达式中指定	
改变循环变量的值	在表达式 3 中设置	在循环体中设置	
应用场合	计数型循环 适用于循环次数已知的情况	条件型循环 适用于循环次数未知的情况	
其他	先判断真假，为真执行循环体		无条件执行一次循环体，再判断真假

【例 5-10】　分别使用 for、while、do-while 语句实现如下功能：输出 1～100 之间能被 3 整除的数。

方法一：用 while 语句实现。

```
#include <stdio.h>
void main()
{
    int i=1;
    while(i<=100)
    {
        if(i%3==0)printf("%5d",i);
        i++;
    }
}
```

方法二：用 do-while 语句实现。

```
#include <stdio.h>
void main()
{
    int i=1;
    do
    {
        if(i%3==0)printf("%5d",i);
        i++;
    }while(i<=100);
}
```

方法三：用 for 语句实现。

```
#include <stdio.h>
void main()
{
    int i;
    for(i=1;i<=100;i++)
        if(i%3==0)printf("%5d",i);
}
```

5.6   break 语句和 continue 语句

在循环程序执行过程中，有时需要终止循环的执行。C 语言提供了两种控制循环中断的语句：break 语句和 continue 语句。

5.6.1   break 语句

（1）格式：break;

（2）功能：当 break 语句用于 switch 语句中时，可使程序跳出 switch 语句而执行 switch 后续语句；当 break 语句用于循环语句中时，可使程序从循环体中跳出，即提前结束循环，接着执行循环体之后的语句。

（3）说明：

1）break 语句只能用于循环语句和 switch 语句（也称开关语句）中。

2）break 语句只能终止并跳出最近一层的循环结构或 switch 结构。

如下程序段中使用了 break 语句。

```
for(r=1;r<=10;r++)
  {
    girth=2*3.14159*r;
    if(girth>100)break;
    printf("半径为%d的圆周长为：%f\n",r,girth);
  }
```

该程序段是计算 r=1～r=10 的圆周长，直到圆周长大于 100 为止。当 grith＞100 时，执行 break 语句，提前终止循环的执行，不再继续执行剩余的几次循环。

5.6.2　continue 语句

（1）格式：continue;

（2）功能：结束本次循环，跳过循环体中尚未执行的语句，进行下一次是否执行循环体的判断。

（3）说明：

1）continue 语句只能用于循环语句中。

2）continue 语句与 break 语句的区别为 continue 语句只结束本次循环，而不是终止整个循环的执行。break 语句则是终止循环，不再进行条件判断。

使用 continue 语句修改上述程序段如下。

```
for(r=1;r<=10;r++)
  {
    girth=2*3.14159*r;
    if(girth<100)continue;
    printf("半径为%d的圆周长为：%f\n",r,girth);
  }
```

该程序段是输出半径从 r=1 到 r=10 且圆周长大于 100 的圆周长。当 grith＜100 时，执行 continue 语句，提前结束本次循环的执行，继续取下一个 r 执行剩余的几次循环。

又如，输出 1～100 之间不能被 5 整除的数。

```
#include <stdio.h>
void main()
{
int i;
for(i=1;i<=100;i++)
    if(i%5==0)continue;
printf("%5d",i);
}
```

当 i 被 5 整除时，执行 continue 语句，结束本次循环，跳过 printf 函数语句，执行 i++；只有 i 不能被 5 整除时才执行 printf 函数语句。

思 考

如果不使用 continue 语句完成同样功能，应如何修改程序？

5.7 任 务 实 施

通过对 5.2~5.6 节的学习，我们了解了循环结构的 3 种语句形式，并学习了 break 和 continue 语句的使用方法。对 5.1 节任务中提到的问题，很容易在上文中找到答案。现在完成 5.1 节的任务。

5.7.1 任务分析

（1）思路：根据任务需求分析，需要定义变量存放用户名及其密码。任务中所用到的数据变量分析如表 5-2 所示。

表 5-2　　　　　　　　　　　　　本章任务中变量的定义

变量名	含　义	数据类型	数据来源
username	用户名（单个字符）	char	键盘输入
password	密码	int	键盘输入
i	循环次数控制	int	循环变量

（2）编程步骤。

输入数据：通过 scanf()函数从键盘上输入用户名和密码。

中间计算：通过多路选择判断用户名和密码是否正确，此操作最多完成 3 次，用循环语句控制。

输出数据：通过 printf()函数输出对应的信息。输入正确显示"欢迎使用本系统！"，输入不正确显示"已经输入 3 次，非法用户，禁止使用本系统！"

5.7.2 程序代码

```c
/*
    源文件名：ct5-1.c
    功能：用户登录验证
*/
#include "stdio.h"
#include "stdlib.h"
void main()
{
    char username;
    int password,i;
    for(i=1;i<=3;i++)
    {
        system("cls");
        printf("\n\t\t 用户登录\n\n");
        printf("\n\t 请输入用户名：");
        scanf("%c",&username);
        printf("\n\t 请输入密码：");
        scanf("%d",&password);
        if(username=='w' && password==123)
        {
            printf("\n\n\t\t 欢迎使用本系统！\n");
```

```
        exit(0);
    }
    else if(username!='w')
        printf("\n\t 输入的用户名错误,请重新输入!");
    else
        printf("\n\t 输入的密码错误,请重新输入!");
    getchar();
    getchar();
    }
    if(i>3)
        printf("\n\t 已经输入 3 次,非法用户,禁止使用本系统!\n");
}
```

5.8 本 章 小 结

5.8.1 知识点

本章主要讲解了循环语句的 3 种形式,结合使用 break 语句和 continue 语句,还可以改变程序的执行流程,提前退出循环或提前结束本次循环。本章的知识结构如表 5-3 所示。

表 5-3 本 章 知 识 结 构

循环结构		书写格式及执行过程
	for 循环	注意事项: (1)3 个表达式之间用分号分隔; (2)表达式 2 可以省略,但循环不停止; (3)表达式可以为任意类型,执行顺序不变; (4)循环体有多个语句要用大括号
	while 循环	一般形式
		注意事项: (1)条件为真执行循环; (2)多个语句应使用大括号; (3)注意循环条件,避免死循环; (4)while(表达式)之后不允许有分号
	do-while 循环	一般形式
		注意事项: (1)do-while 语句后面要加分号; (2)可以和 while 相互嵌套; (3)循环体有多个语句也要用大括号; (4)与 while 循环替换时注意修改条件
	continue 和 break	break 终止整个循环;continue 结束本次循环

5.8.2 常见错误

(1)用 ","代替了 for 语句中的 ";"。C 语言规定,for 语句中的 3 个表达式可以为空,但分号不能省略,如果用逗号代替分号,编译器将由于找不到分号而报错。下面的程序是错误的。

```
for(a=1,a<=10,a++)        //应改为: for(a=1;a<=10;a++)
s=s+a;
```

（2）do-while 循环语句丢失了"；"。下面的程序段中由于 while 语句之后无分号，会产生语法错：

```
do
{
    s=s+a;
    a++;
}while(a<=100)              //丢失了分号
```

（3）当 while、for、do-while 的语句体中包含一条以上语句时，丢失了花括号{}。

```
例： for(i=1;i<=100;)     应改为： for(i=1;i<=100;)
        s=s+i;                      {s=s+i;
        i++;                         i++;}
```

（4）循环语句中循环控制变量的值不变化会造成死循环。下面的程序段由于漏掉了 i＋＋，出现了死循环。

```
i=1;                    应改为：  i=1;
while(i<=100)                     while (i<=100)
{                                 {
    s=s+i;                            s=s+i;
}                                     i++;
                                  }
```

（5）循环变量不进行初始化就进入循环体。下面的程序段没有对循环变量 i 进行初始化，执行结果出错。

```
while(i<=100)           应改为：i=1;
{                              while(i<=100)
    s=s+i;                     {
    i++;                           s=s+i;
}                               i++;
                               }
```

5.9 课 后 练 习

一、选择题。

1. 当执行以下程序段时，_____。

```
x=-1;
do
{
    x=x*x;
}while(!x);
```

  A．循环体将执行一次   B．循环体将执行两次

  C．循环体将执行无数多次   D．系统将提示有语法错误

2. 若 i，j 已定义为 int 类型，则以下程序段中内循环的总的执行次数是_____。

```
for(i=5;i;i--)
for(j=0;j<4;j++)
{…}
```

A. 20　　　　　　　B. 24　　　　　　　C. 25　　　　　　　D. 30

3. 有以下语句：

```
i=1;
for(;i<=100;i++) sum+=i;
```

与以上语句序列不等价的有_____。

    A. `for(i=1;;i++){sum+=i; if(i==100)break;}`

    B. `for(i=1;i<=100;){sum+=i;i++;}`

    C. `i=1;for(;i<=100;)sum+=i;`

    D. `i=1;for(;){sum+=i; if(i==100)break; i++; }`

4. 在 C 语言中，为了结束 while 语句构成的循环，while 后一对圆括号中表达式的值应该为 _____。

    A. 0　　　　　　　B. 1　　　　　　　C. true　　　　　　　D. 非 0

5. 以下叙述中正确的是_____ 。

    A. break 语句只能用于 switch 语句体中。

    B. continue 语句的作用是：使程序的执行流程跳出包含它的所有循环。

    C. break 语句只能用在循环体内和 switch 语句体内。

    D. 在循环体内使用 break 语句和 continue 语句的作用相同。

二、阅读下列程序，按要求在空白处填写适当的语句或表达式，使程序完整并符合题目要求。

1. 计算 2+4+6+…+98+100 的值。

```c
#include <stdio.h>
void main()
{
    int i,s=0;
    for(i=2;i<=100;          )
    {
                 ;
    }
    printf("s=%d\n",s);
}
```

2. 计算 $1-\dfrac{1}{3}+\dfrac{1}{5}-\dfrac{1}{7}+\cdots-\dfrac{1}{99}+\dfrac{1}{101}$ 的值。

```c
#include <stdio.h>
void main()
{
    float s=0,t=1;
    int i;
    for(i=1;i<=101;i+=2)
    {
        s=s+              ;
        t=             ;
    }
    printf("1-1/3+1/5-1/7+…-1/99+1/101= %f \n",s);
}
```

3．计算平均成绩并统计 90 分及以上的人数。

```c
#include <stdio.h>
void main()
{
    int n,m;
    float grade,average;
    average=n=m=        ;
    while(          )
    {
        scanf("%f",&grade);
        if(grade<0)break;
        n++;
        average+=grade;
        if(grade<90)        ;
        m++;
    }
    if(n)printf("%.2f %d \n",average/n,m);
}
```

三、写出下列程序的运行结果

1.
```c
#include <stdio.h>
void main()
{
    int n=4;
    while(n--)
        printf("%d",--n);
}
```

2.
```c
#include <stdio.h>
void main()
{
    int n;
    for(n=1;n<=10;n++)
    {
        if(n%3==0)continue;
        printf("%d",n);
    }
}
```

3．运行下列程序，从键盘上输入 china#↙。

```c
#include <stdio.h>
void main()
{
    int v1=0,v2=0;
    char ch;
    while((ch=getchar())!='#')
        switch(ch)
        {
            case 'a':
            case 'h':
```

```
        default: v1++;
        case '0': v2++;
    }
    printf("%d,%d\n",v1,v2);
}
```

4.
```
#include <stdio.h>
void main()
{
    int i;
    for(i=1;i+1;i++)
    {
        if(i>4){printf("%d\t",i++);break;}
        printf("%d\t",i++);
    }
}
```

5.
```
#include <stdio.h>
void main()
{
    char ch;
    int i=0;
    for(ch='a';ch<='z';ch++)
    {
        i++;
        printf("%c ",ch);
        if(i%10==0)
            printf("\n");
    }
    printf("\n");
}
```

四、编写程序

1. 输入一行字符，以字符'#'作为结束标志，分别统计出英文字母、空格、数字和其他字符的个数。

2. 从 5～100 之间找出能被 5 或 7 整除的数。

3. 计算：$n-\dfrac{n}{2}+\dfrac{n}{3}-\dfrac{n}{4}+\cdots-\dfrac{n}{100}$。

4. 编写 C 语言程序实现下述功能：从键盘输入两个正整数，用辗转相除法求它们的最大公约数和最小公倍数。

【提示】 辗转相除法：①两个整数求余数；②让除数与余数构成新的两个数；③不断重复此过程，直至除数为 0，则被除数即为最大公约数。求最小公倍数的一个简单方法是两数相乘的积被最大公约数除。程序段如下。

```
while(n2!=0)
{
    t=n1%n2;
    n1=n2;
    n2=t;
};
```

5．用循环语句输出如下四边形。

```
* * * * * * *
 * * * * * * *
  * * * * * * *
   * * * * * * *
```

6．猜数字游戏。

（1）由计算机随机给出一个 1～100 之间的整数。

（2）提示用户输入一个猜想的整数。

（3）用户输入所猜想的数据。

（4）判断猜想的正确性：如果猜对了，显示"祝贺你，猜对了！"；否则，显示"错误！"，并给出所猜数据是大了还是小了，以便继续猜想，直至正确为止。

（5）输出猜想的次数。

【提示】

（1）由计算机自动产生 1～100 之间的随机整数的方法。

1）通过 srand（time（NULL））；产生随机数种子。其中，time（NULL）产生一个由当前计算机时间值（以秒计算）转换成无符号整数作为随机数发生器的种子。time()函数包含在头文件<time.h>中。

2）使用 rand()%100+1 产生一个 1～100 之间的随机整数，并保存到变量中。rand()函数包含在头文件<stdlib.h>中。

（2）使用 printf()函数输出提示用户输入猜想数的提示信息。并通过 scanf()函数输入所猜想的数据。

（3）使用 while 或 do-while 循环语句，结合 if-elseif 完成猜想的判断。循环条件为所猜想的数不等于随机产生的数，循环继续，否则，结束循环。

（4）使用 printf()函数输出猜想的次数。

5.10　综 合 实 训

实训 1　for 语句的应用

【实训目的】

（1）理解循环的概念。

（2）掌握 for 语句的应用。

【实训内容】

实训步骤及内容	题 目 解 答	完成情况

1. 程序填空：求 1000 以内所有能被 13 整除的整数之和。
#include <stdio.h>
void main()
{
　int sum=_____, i;
　for (i=1; _____; i++)		

实训步骤及内容	题　目　解　答	完成情况

`if (_____)`
　　　`sum=sum+i;`
　`printf("1-1000 中是 13 的倍数的数值之和为：%d\n",`
`sum);`
`}`		

2. 程序填空：计算 1×2+3×4+5×6+…+99×100。
`#include <stdio.h>`
`void main()`
`{`
　`int x, y;`
　`int sum=0;`
　`for (x=1, y=2; x<=99, y<=100; x+=2, y+=2)`
　　`_____`
　`printf ("sum=%d\n", sum);`
`}`		

3. 程序填空：输入一个字符，显示从这个字符开始的后续 5 个字符。
`#include <stdio.h>`
`void main()`
`{`
　`char ch;`
　`char c;`
　`_____;`
　`for (c=ch; _____; c++)`
　　`putchar (c);`
`}`		

4. 分析下列程序的运行结果。
`#include <stdio.h>`
`void main()`
`{`
　`int i, j;`
　`for (i=5; i>=1; i--)`
　`{`
　　`for (j=1; j<=i; j++)`
　　　`printf ("*");`
　　`printf ("\n");`
　`}`
`}`		

5. 程序填空：求 100~999 中的所有水仙花数。
【提示】 水仙花数是指一个数的各位数字的立方和等于该数字。如 $153=1^3+5^3+3^3$。
`#include <stdio.h>`
`void main()`
`{`
　`int i, j, k, n;`
　`for ( _____ )`
　`{`
　　`i=n/100;`　　　　`//分离百位数字`
　　`j=(n/10)%10;`　　`//分离十位数字`
　　`k=n%10;`　　　　`//分离个位数字`
　　`if (_____)`　`//判断水仙花数`
　　　`_____;`　`//输出水仙花数`
　`}`
　`printf ("\n");`
`}`		

实训步骤及内容	题 目 解 答	完成情况
实训总结: 分析讨论如下问题: (1) 循环变量的作用是什么? (2) 用循环求多个数的和之前,存放和的变量的初始值为多少? (3) 用循环求多个数的乘积之前,存放积的变量的初始值为多少? (4) 字符变量能否作为循环变量		

实训 2 while 和 do-while 语句的应用

【实训目的】

运用 while 和 do-while 语句处理简单循环问题。

【实训内容】

实训步骤及内容	题 目 解 答	完成情况
| 1. 若输入的数据为-5,写出程序的运行结果。<br>```c
#include <stdio.h>
void main()
{
    int s=0, a=1, n;
    scanf ("%d", &n);
    do
    {
        s+=1;
        a=a-2;
    }while (a!=n);
    printf ("%d\n", s);
}
``` | | |
| 2. 分析下列程序,写出程序的运行结果。<br>```c
#include <stdio.h>
void main()
{
    int i=1, sum=0;
    while (i<10)
        sum+=i++;
    printf ("i=%d, sum=%d\n", i, sum);
}
``` | | |
| 3. 找出程序的错误并修改,使其完成如下功能:从键盘输入 10 个整数,输出其累加和。<br>```c
#include <stdio.h>
void main()
{
    int i=1, sum, number;
    while (i<10);
    {
        printf ("输入一个整数: ");
        scanf ("%d", &number);
        sum=sum+number;
    }
    printf ("sum=%d\n", sum);
}
``` | | |
```

续表

实训步骤及内容	题 目 解 答	完成情况

4. 有以下程序段，变量已正确定义和赋值。（假定 n=3）
`for（s=1.0, k=1; k<=n; k++）`
`    s=s+1.0/（k*（k+1））;`
`printf（"s=%f\n", s）;`
请填空，使下面程序段的功能与之完全相同。
`s=1.0; k=1;`
`while（_____）`
`{`
`    s=s+1.0/（k*（k+1））;`
`    _____;`
`}`
`printf（"s=%f\n", s）;`		

5. 密电文。按以下规律将电文翻译成密码：将字母 A 译成字母 E，a 译成 e，即译成其后的第 4 个字母，W 译成 A，X 译成 B，Y 译成 C，Z 译成 D。例如，aZyXA 译成 eDcBE。
运行下列程序，记录程序的运行过程，给程序添加注释。
`#include <stdio.h>`
`void main()`
`{`
`char c;`
`while（（c=getchar()）!='\n'）`
`{`
`if（（c>='a' && c<='z'）||（c>='A' && c<='Z'））`
`    c=c+4;`
`if（c>'Z' && c<='Z'+4 || c>'z'）`
`    c=c-26;`
`printf（"%c", c）;`
`}`
`printf（"\n"）;`
`}`		

实训总结： 分析讨论如下问题。 （1）总结 while 和 do-while 语句的结构特点。 （2）总结 while 和 do-while 语句的应用场合		

5.11 知 识 扩 展

一个循环体内包含另一个完整的循环结构，称为循环的嵌套。内嵌的循环中还可以嵌套循环，这就是多重循环。按照循环嵌套的层数，分别称为二重循环（也称为双重循环）、三重循环……。一般将处于内部的循环称为内循环，处于外部的循环称为外循环。单循环只有一个循环控制变量，双重循环有两个循环控制变量，依次类推，多重循环有多个循环控制变量。3 种循环（while 循环、do-while 循环和 for 循环）可以互相嵌套。常见形式有以下几种：

```
（1）while（   ）               （2）do
     {   …                        { …
         while（   ）               do
             {…}                  {…}while（   ）;
     }                            }while（   ）;
（3）for（  ;  ;）               （4）while（     ）
```

```
    { …                              { …
        for( ; ;)                        do
            {…}                          {…}while(   );
    }                                }
```

（5）for（ ; ;)   （6）for（ ; ;)
```
    { …                              { …
        while(   )                       do
            {…}                          {…}while(   );
    }                                }
```

说明：

（1）一个循环体必须完整地嵌套在另一个循环体内，不能出现交叉。

（2）多重循环的执行顺序是：外层循环控制变量每取得一个值时，内循环要完成一个遍历，然后再取得下一个外层循环控制变量的值。

（3）并列循环允许使用相同的循环控制变量，嵌套循环不允许。

【例 5-11】 利用双重循环编写 C 语言程序实现下述功能：1!+2!+3!+…+n!（n=1～10）。

```
/*
    源文件名：ch5-11.c
    功能：求 1!+2!+3!+…+10!
*/
#include <stdio.h>
void main()
{
    int i,j,p,s=0;
    for(i=1;i<=10;i++)
    {
        p=1;
        for(j=1;j<=i;j++)
            p=p*j;
        s=s+p;
    }
    printf("1!+2!+3!+…+10! = %ld \n",s);
}
```

运行结果如图 5-12 所示。

（1）外循环控制 1～10 的变化，其循环体包含求一个数的阶乘，以及阶乘和的累加。

（2）内循环完成一个数的阶乘。

（3）本例定义了 4 个变量：j、i 为内外循环的循环变量；p 存放每个数的阶乘，初值为 1；s 保存阶乘的和，初值为 0。

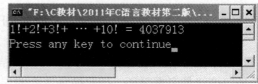

图 5-12　［例 5-11］的运行结果

💭 思 考

为什么 s=0 在循环外设置，而 p=1 在循环中设置，能否互换位置？

修改［例 5-11］使用单循环完成此功能。

【提示】 利用递推算法来实现：2! =2*1!，3! =3*2!，…，n! =n*（n−1）!。程序段如下：
```
for(i=1,p=1,s=0;i<=10;i++)
```

```
{
    p=p*i;
    s=s+p;
}
```

【例 5-12】 编写 C 语言程序实现下述功能：输出 3～100 的所有素数。

```
/*
    源文件名：ch5-12.c
    功能：输出 3～100 的所有素数
*/
#include <stdio.h>
void main()
{
    int i,m,n=0;
    for(m=3;m<=100;m++)
    {
        for(i=2;i<=m-1;i++)                 //判断素数
            if(m%i==0)break;
        if(i>m-1)                           //条件成立即为素数
            {
                printf("%5d",m);
                n++;                        //记录每行显示的素数个数
            }
        if(n%12==0)printf("\n");            //控制每行输出 12 个素数
    }
}
```

运行结果如图 5-13 所示。

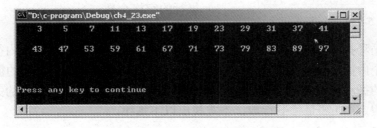

图 5-13   ［例 5-12］的运行结果

（1）外循环控制 3～100 数据的变化，其循环体完成某一个数据是否为素数的判定与输出。

（2）只能被 1 和本身整除的数称之为素数，素数的判定由内循环完成。

（3）判定一个数是否为素数的算法：让数 m 被 2 到 $m-1$ 除，如果 m 能被 2～$m-1$ 之中的任何一个整数整除，则提前结束循环，此时 i 必然小于或等于 $m-1$；如果 m 不能被 2～$m-1$ 之中的任何一个整数整除，则在完成最后一次循环后，i 还要加 1，因此当 i 等于 m 时，循环终止。在内循环之后判别 i 的值是否大于 $m-1$，若是，则表示未曾被 2～$m-1$ 任一整数整除过，该数是素数，否则不是素数。

【例 5-13】 编写 C 语言程序实现下述功能：输出如下三角形图形（最上方星号的左边有 10 个空格）。

```
                              *
                             ***
                           *****
                         *******
/*
    源文件名：ch5-13.c
    功能：输出三角形
*/
#include <stdio.h>
void main()
{
    int i,j,k;
    for(i=1;i<=4;i++)                //控制行数
    {
        for(j=1;j<=11-i;j++)         //控制每行空格个数
            printf("  ");
        for(k=1;k<=2*i-1;k++)        //控制每行＊个数
            printf("*");
        printf("\n");                //每行结束后换行
    }
}
```

运行结果如图 5-14 所示。

图 5-14　　［例 5-13］的运行结果

（1）C 语言进行文本作图，需要使用双重循环完成，同时考虑以下 4 个要素。

1）组成图形的字符；

2）组成图形的行数；

3）每行的空格个数；

4）每行的字符个数。

其中，外循环控制行数，第一个内循环控制每行的空格个数，第二个内循环控制每行的字符个数，两个内循环为并列循环，它们与回车换行语句共同组成外循环的循环体。

（2）各行的循环次数是有规律变化的，只要找到内循环与外循环之间的关系，就可完成图形的输出。假定由 i 变量控制行数，不难找出以下规律。

行数：	1	2	3	4	i
空格数：	10	9	8	7	$11-i$
＊个数：	1	3	5	7	$2i-1$

📝 思考

（1）如果把[例 5-13]中循环变量 k 用循环变量 j 代替，行不行？所有循环都用循环变量 i 代替，行不行？

（2）修改[例 5-13]，输出如下三角形图形（最后一行星号的左边有 10 个空格）。

```
                        * * * * * * *
                          * * * * *
                            * * *
                              *
```

项目 1 简 单 计 算 器

📢【项目描述】

（1）功能：实现一个简单计算器，能够完成加、减、乘、除和求余数的运算。

（2）要求：为了给用户提供方便，当用户选择某一菜单项后（退出选项除外），系统提示输入第一个运算数和第二个运算数，并给出运算结果。然后询问是否继续计算，如果输入 'y' 或 'Y'，重新返回主菜单；如果输入其他字母，则结束计算并退出系统。

📝【知识要点】

（1）C 语言基本数据类型、常量、变量、运算符和表达式。

（2）输入/输出函数：scanf()、printf() 和 getchar()。

（3）选择语句：if 和 switch 语句。

（4）循环语句：while 语句、do-while 语句、for 语句。

💬【项目分解】

任务 1：数据定义。

任务 2：设计主菜单。

任务 3：实现加、减、乘、除和求余数运算。

任务 4：循环设计。

任务 5：程序优化。

任务 1 数 据 定 义

⚙【任务描述】

实现简易计算器项目中的数据类型定义。

🍸【任务分析】

根据项目功能描述，需要定义 4 个变量，如项目表 1-1 所示。

项目表 1-1　　　　　　　　　　　　　　　数 据 定 义

变量名	数据类型	功　　能	定　　义
num1	float	存放第一个运算数	float num1，num2；
num2	float	存放第二个运算数	
choose	int	存放用户输入的菜单选项	int choose；
flag	char	存放是否继续运算的选择	char flag=' y '；

📖【任务实现】

```
/*定义变量：choose-运算符选择,num1、num2-参与运算的运算数,flag-选择项*/
    int choose;
```

```
float num1,num2;
char flag='y';      //默认为继续运算
```

任务 2　设 计 主 菜 单

⚙【任务描述】

实现简易计算器项目主菜单的设计。

⅄【任务分析】

根据任务描述，该任务需要解决 3 个子任务。

（1）主菜单设计。

（2）接收键盘数据，选择菜单项。

（3）实现菜单多分支的控制。

具体如项目表 1-2 所示。

项目表 1-2　　　　　　　　　　　　　　　　设 计 主 菜 单

任务名称	任 务 实 现
主菜单设计	使用 printf()函数及转义字符 '\n'、'\t' 和制表符完成
选择菜单项	使用 scanf()函数实现菜单项的选择
多分支处理	使用 switch 语句实现多分支处理

🖩【任务实现】

```
/*显示菜单*/
system("cls");      //清屏
printf("\n\n");
printf("\t\t┌────────────────────┐\n");
printf("\t\t│        简易计算器        │\n");
printf("\t\t├────────────────────┤\n");
printf("\t\t│        1----加  法        │\n");
printf("\t\t│        2----减  法        │\n");
printf("\t\t│        3----乘  法        │\n");
printf("\t\t│        4----除  法        │\n");
printf("\t\t│        5----余  数        │\n");
printf("\t\t│        0----退  出        │\n");
printf("\t\t└────────────────────┘\n");

/*选择菜单项*/
 scanf("%d",&choose);
/*使用 switch 语句实现多分支处理*/
switch(choose)
{
  case 1:
      //完成两数之和
      break;
```

```
case 2:
    //完成两数之差
    break;
case 3:
    //完成两数之积
    break;
case 4:
    //完成两数之商
    break;
case 5:
    //完成求余运算
    break;
case 0:
    //实现程序退出
default:
    printf("\n\t\t　输入选项错误!\n");
}
```

注 意

system（"cls"）函数：清屏。函数原型包含在"stdlib.h"头文件中。

任务3　实现加、减、乘、除和求余数运算

❖【任务描述】

（1）接收键盘输入的两个运算数。

（2）完成加、减、乘、除、求余数的基本运算。

（3）实现退出程序功能。

⅄【任务分析】

根据任务描述，该任务需要解决3个子任务。

（1）使用 scanf()接收键盘输入的运算数。

（2）运用算术表达式完成加、减、乘、除、求余数运算。

（3）使用 exit()实现退出程序功能。

具体如项目表 1-3 所示。

项目表 1-3　　　　　　　　实现加、减、乘、除和求余数运算

任务名称	任 务 实 现
接收键盘数据	使用 scanf()函数实现运算数据的接收
运算处理	（1）算术运算符：+、−、*、/、%。 （2）使用 printf()函数输出运算结果。 （3）使用强制类型转换完成求余数运算
中断和退出程序	使用 exit(0)函数实现

🔖【任务实现】

```
/*输入参与运算的运算数*/
printf("\n\t\t请输入第一个运算数：");
```

```
scanf("%f",&num1);
printf("\n\t\t请输入第二个运算数: ");
scanf("%f",&num2);
printf("\n\t\t运算结果为: \n");

/*使用switch语句实现简易计算器功能*/
switch(choose)
{
    case 1:
        printf("\n\t\t%.2f+%.2f=%.2f\n",num1,num2,num1+num2);
        break;
    case 2:
        printf("\n\t\t%.2f-%.2f=%.2f\n",num1,num2,num1-num2);
        break;
    case 3:
        printf("\n\t\t%.2f*%.2f=%.2f\n",num1,num2,num1*num2);
        break;
    case 4:
        printf("\n\t\t%.2f/%.2f=%.2f\n",num1,num2,num1/num2);
        break;
    case 5:
printf("\n\t\t%d%%%d=%d\n",(int)num1,(int)num2,(int)num1%(int)num2);
        break;
    case 0:
        exit(0);
    default:
        printf("\n\t\t  输入选项错误!\n");
}
```

📝 **注 意**

exit(0)函数: 结束程序的执行。函数原型包含在"stdlib.h"头文件中。

任务4 循 环 设 计

⚙ 【任务描述】

（1）实现主菜单的重复显示。

（2）进行程序结束的判断。

Y 【任务分析】

实现主菜单的重复显示，需要用到循环语句，C语言提供了如下循环语句:

（1）while。

（2）do-while。

（3）for

如项目表1-4所示。

项目表 1-4		循　环　设　计		

循环语句名称	使　用　场　合	循环语句名称	使　用　场　合
while	条件型循环 适用于循环次数未知的情况	for	计数型循环 适用于循环次数已知的情况
do-while			

📖【任务实现】

```
/*使用 while 循环语句完成简易计算器的功能*/
while(flag=='y' || flag=='Y')
{
    /*显示菜单*/
    /*选择菜单项*/
    /*输入运算数*/
    switch(choose)
    /*实现简易计算器功能*/
    /*判断是否继续运算*/
    printf("\n\t\t 是否继续计算(y 或 Y--继续,其他字符退出)?");
    scanf("\n%c",&flag);
}
/*结束程序,显示信息*/
system("cls");
printf("\n\n\n\n\n\n\t\t\t  谢谢使用! \n\n");
```

✏️ **注 意**

（1）编写程序时，对于循环条件的设定要考虑全面。例如，本例中是否继续运算的回答就有 'y' 和 'Y' 两种输入可能，因此两种情况都要判断，否则就会使程序产生缺陷。

（2）可以使用函数 toupper（flag）将输入的字母转换成大写字母，这样就只需要判断是否为大写 'Y'，该函数原型在 string.h 头文件中。

（3）scanf（"\n%c", &flag）；中的 '\n' 的作用是为了把上次输入时所键入的"回车"键消去。

任务 5　程　序　优　化

⚙️【任务描述】

（1）实现菜单项选择有效性的判断。

（2）对除法和求余数的除数进行有效性验证。

（3）实现提示信息的显示。

🌾【任务分析】

根据任务描述，该任务需要解决 3 个子任务。

（1）对菜单选项的有效性判断。

（2）对参与运算的数据进行有效性判断。

（3）实现提示信息的处理。

具体如项目表 1-5 所示。

项目表 1-5   程 序 优 化

任 务 名 称	任 务 实 现
菜单项有效性	使用 if-else-if 语句实现
数据有效性判断	使用 if-else 语句和 printf()函数实现
提示信息	使用 printf()函数实现

【任务实现】

```c
#include <stdio.h>
#include <stdlib.h>
void main()
{
/*定义变量：choose-运算符选择,num1、num2-参与运算的运算数,flag-选择项*/
    int choose;
    float num1,num2;
    char flag='y';

    /*使用while 循环语句完成简易计算器的功能*/
    while(flag=='y' || flag=='Y')
    {
        /*显示菜单 程序段B菜单部分*/
        system("cls");
        printf("\n\n");
        printf("\t\t┌──────────────────────┐\n");
        printf("\t\t│         简易计算器         │\n");
        printf("\t\t├──────────────────────┤\n");
        printf("\t\t│         1----加 法          │\n");
        printf("\t\t│         2----减 法          │\n");
        printf("\t\t│         3----乘 法          │\n");
        printf("\t\t│         4----除 法          │\n");
        printf("\t\t│         5----余 数          │\n");
        printf("\t\t│         0----退 出          │\n");
        printf("\t\t└──────────────────────┘\n");
        printf("\t\t请输入运算类型(0～5)：");
        scanf("%d",&choose);
        /*输入运算类型、参与运算的运算数*/
        if(choose>0 && choose<=5)
        {
            printf("\n\t\t请输入第一个运算数：");
            scanf("%f",&num1);
            printf("\n\t\t请输入第二个运算数：");
            scanf("%f",&num2);
        }
        /*使用switch 语句实现简易计算器功能*/
        switch(choose)
        {
            case 1:
                printf("\n\t\t运算结果为：\n");
                printf("\n\t\t%.2f+%.2f=%.2f\n",num1,num2,num1+num2);
                break;
```

```
            case 2:
                printf("\n\t\t 运算结果为: \n");
                printf("\n\t\t%.2f-%.2f=%.2f\n",num1,num2,num1-num2);
                break;
            case 3:
                printf("\n\t\t 运算结果为: \n");
                printf("\n\t\t%.2f*%.2f=%.2f\n",num1,num2,num1*num2);
                break;
            case 4:
                if(num2==0)
                    printf("\n\t\t   除数不能为 0!");
                else{
                    printf("\n\t\t 运算结果为: \n");
                    printf("\n\t\t%.2f/%.2f=%.2f\n",num1,num2,num1/num2);
                }
                break;
            case 5:
                if(num2==0)
                    printf("\n\t\t   除数不能为 0!");
                else{
                    printf("\n\t\t 运算结果为: \n");
printf("\n\t\t%d%%%d=%d\n",(int)num1,(int)num2,(int)num1%(int)num2);
                }
                break;
            case 0:
                system("cls");
                printf("\n\n\n\n\n\n\t\t\t   谢谢使用! \n\n");
                exit(0);
            default:
                printf("\n\t\t   输入选项错误!\n");
        }
        /*判断是否继续运算*/
        printf("\n\t\t 是否继续计算(y 或 Y--继续,其他字符退出)?");
        scanf("\n%c",&flag);
    }
    /*结束程序,显示信息*/
    system("cls");
    printf("\n\n\n\n\n\n\t\t\t   谢谢使用! \n\n");
}
```

👁 【项目总结】

(1) 实际应用中,计算机程序处理的数据各种各样,需要根据具体情况来判断所涉及的数据是何种数据类型。而且需要估计数据的变化范围,并了解题目中对数据的精度要求。如果定义不当,可能会造成内存空间的浪费,甚至影响运行结果。

(2) 为了保证程序的正确执行,需要对输入的数据进行合法性检查。如当运算类型为除法和求余数,应当先判断第二个运算数是否为 0,并给出相应的错误信息和处理。

(3) 本项目的循环语句可以使用 3 种循环语句(while、do-while、for)的任何一种,但一般情况下,对于循环次数未知的循环通常选择 while 或 do-while 循环。

（4）菜单的循环控制方法：

1）使用 while（flag=='y' || flag=='Y'）控制菜单的循环显示。

2）使用 while（1）控制菜单的循环显示，但用此种方法，在菜单项中必须包含退出功能，否则将是死循环。

（5）实现屏幕信息暂停的方法：

1）使用 getchar()函数。

2）使用 scanf()函数。

3）使用 for（;;）空循环。

通常上述语句紧跟在 printf()输出信息之后使用。

☒【项目扩展】

模仿本项目完成银行储蓄，功能描述如下。

（1）计算到期存款金额。

（2）已知工商银行整存整取存款不同期限的年利率分别为

3.1%	期限三个月
3.3%	期限六个月
3.5%	期限一年
4.4%	期限两年
5.0%	期限三年
5.5%	期限五年

（3）选择存款期限，并输入存款本金，求到期时，能从银行得到的利息与本金的合计。

✐ 注　意

月利率=年利率/12

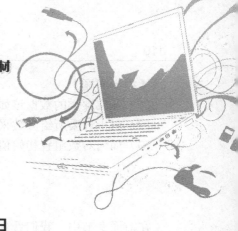

中 级 篇

第6章 数 组

【知识目标】
───────◎

一维数组的定义和引用方式
字符数组的定义、引用方式及常用字符处理函数的使用方法
多维数组的形式和含义

【技能目标】
───────◎

掌握一维数组的基本使用方法
掌握字符数组及常用字符处理函数的基本使用方法
了解多维数组的使用方法

6.1 任务导入（一维数组）

⚙【任务描述】

某唱歌比赛中，需要对各位参赛选手进行现场打分，具体比赛规则如下：台上共 10 位评委，各自打分（0~100 分）。选手的最终成绩为去掉一个最高分和一个最低分其余 8 个分数的平均值。试根据比赛规则计算每位歌唱选手的最终成绩（假设各位评委的打分分数可简单视为用户输入）。输出结果应如图 6-1 所示。

```
F:\2013-C教材\第6章源程序\Debug\ct6-...    _□×
请输入10个成绩:
第1个成绩:87
第2个成绩:78
第3个成绩:90
第4个成绩:89
第5个成绩:67
第6个成绩:89
第7个成绩:85
第8个成绩:78
第9个成绩:73
第10个成绩:88
最终成绩为: 83.375
Press any key to continue
```

图 6-1 任务运行结果

🎧【提出问题】

（1）各位评委的数据该如何存储，还是使用变量吗？

（2）对于评委所给分数采用什么数据类型的数组存储，是整型数组还是浮点型？

（3）如何对数组置初始值 0 分？

6.2 一 维 数 组

在前面章节中，我们看到过把两个数按照大小顺序排列的例子，使用一句 if 语句，通过比较和交换很容易做到。我们也看到过 3 个数的例子，需要 3 句 if 语句才能完成。现在，请试试 4 个数的情况，然后，请想象 100 个数的情况。

我们已经知道了循环语句能以简洁的程序完成大量的重复操作，那么，能不能用循环语句来顺序排列 100 个数 score1，score2，…，score100 呢？不能。因为我们无法让循环体中的语句在这次执行时是"if（score1＞score2）"，下次执行时变成"if（score1＞score3）"，再下次又变成"if（score1＞score4）"。循环做的是相似的操作，更确切地说，每次循环所执行的语句必须相同，虽然执行的效果可以不同，例如，在屏幕上输出的依次是 1、2、3、…，但那是靠语句中变量值的改变，而不是靠语句中变量名的改变来实现的。

```
for (i=1;i<=9;i++)
{
    printf("%d\n",i);
}
```

既然如此，让我们发挥创造力，写下这样的循环语句：

```
for (i=2;i<=100;i++)
{
    if (score1>scorei)
    ...
```

想法不错，可惜 C 语言只会把"scorei"看做一个确定的变量名，而不会在程序运行时随着 i 值的变化组合出一个个孤立的变量名"score1"、"score2"，…要让 C 语言实现我们的想法，就要把这些变量组织起来，构成一种新的变量类型——数组。

现在，我们不用变量声明：

```
int score1,score2,score3,...,score100;
```

而改用数组声明：

```
int score[100];
```

这个 score 就是一个数组类型的变量，它以一当百，包含了 100 个整型变量，每一个整型变量都称为这个数组的元素（也可称为单元）。我们还可以改变方括号中的数字，使 score 包含任意个数的元素，满足不同的需要。

声明一个数组，相当于声明一批变量，更重要的是，这些变量是"有组织"的。正如一群人，互不相干时，需要称呼名字来指定其中的某一位，而一旦他们以整齐排列的方式组织起来，就能用"第 7 位"或"第 3 行第 5 位"这样的称呼来指定某一位了。

对数组变量 score，程序中可以用 score[5]、score[97]来指定其中的元素，如果用 score[i]

来指定，那么指定的元素就随着 i 值的不同而不同了。显然，方括号中的表达式必须是整型的，这个值称为下标。

6.2.1　声明一维数组

声明数组的一般格式为

类型标识符　数组名[*N*];

说明：

（1）类型标识符指定了数组中每个元素的类型。

（2）*N* 指定了数组中包含的元素个数。例如，要存放 100 个职工的工资，且工资以实数形式表示，那么声明如下：

```
float salary[100];
```

（3）*N* 只能为常量或常量表达式，不能是变量值。例如，下面这样定义数组是不行的：

```
int n;
scanf("%d",&n);
int a[n];
```

6.2.2　访问数组元素

访问数组中的元素时，必须指定数组名和下标。需要特别注意的是，数组中的第 1 个元素对应的下标不是 1，而是 0；第 2 个元素对应的下标不是 2，而是 1；依次类推，包含 *N* 个元素的数组的最后一个元素的下标是 *N*−1。

例如，上面声明的数组 salary，元素与下标的对应关系如图 6-2 所示。

如果要将数值 880 存入数组 salary 的第 3 个元素中，使用语句

```
salary[2]=880;
```

如果要将数值 5600 写入数组 salary 的第 1 个元素中，使用语句

```
salary[0]=5600;
```

如果要输出数组 salary 的第 2 个元素的值，可以使用语句

```
printf("%f",salary[1]);
```

如果要读出数组 salary 最后一个元素的值，存入变量 t 中，实现方法如下。

```
float t;
t=salary[99];
```

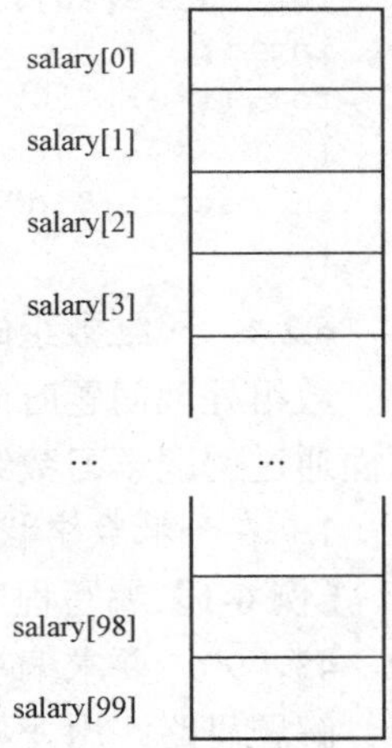

图 6-2　数组元素存储结构

💡 注　意

由于数组的下标从 0 开始，造成下标与对应元素的序号不一致，影响程序的易理解性，在编程时容易发生差错，初学者尤其如此。因此，可以在声明数组时，让元素个数比实际需要多一个，从第 2 个（下标为 1）开始使用。

6.2.3　初始化数组元素

有两种方法可以为数组元素赋初值。

（1）方法 1：在定义数组时，顺序给出数组全部元素的初值，例如：

```
int score[10]={67,34,90,88,55,74,95,82,43,90};
```

说明：

1）使用方法 1 初始化时，列出的初始值可以少于数组元素个数，也就是只对前面一部分元素初始化，例如：

```
int array1[5]={1,2,3,4};
```

相当于：

```
array1[0]=1;array1[1]=2;array1[2]=3;array1[3]=4;array1[4]=0;
```

2）使用方法 1 初始化时，可以在方括号中省略元素个数，元素个数由后面的初始值个数决定，例如：

```
float array2[ ]={3.1,13.12,3,524.7,11.25,5.6,7.8,112,72.1};
```

这种方法可以避免清点数据的个数，为声明数组带来方便。

3）如果声明数组时在方括号中指定了元素个数，那么初始化时的数据个数就不能超过元素个数。下面是错误的例子：

```
int array3[5]={1,2,3,4,5,6};
```

4）初始化时，数据个数可以少于声明数组时在方括号中指定的元素个数，但不能一个也没有。下面是错误的例子：

```
int array4[5]={ };
```

（2）方法 2：先定义数组，然后使用循环语句初始化数组元素，例如：

```
int score[10];
int i;
for (i=0;i<10;i++)
{
    scanf("%d",&score[i]);
}
```

6.2.4　一维数组的应用举例

数组处理问题时简单明了，对于程序设计人员来说一维数组接触的最多，使用最为广泛。下面通过例题学习数组的使用。

1. 在一批数中找最大/最小值及其位置

【例 6-1】编写程序实现下述功能：有 10 位学生的成绩：67，34，90，88，55，74，95，82，43，90，要求编写程序找出其中的最高分，及其在这批数中的位置。

解题思路：用变量 max 保存"目前的最高记录"，用变量 max_index 保存这个最高记录在数组中的位置，max 的初值就是第 1 个数据，这个数据存放在数组的第 1 号元素中，所以max_index 的初值是 1。该程序实现步骤为

（1）循环变量 i 的初值取 2；

（2）如果 i 超过 10，循环结束，转到（5）；

（3）如果第 i 个元素的值大于 max，用元素的值刷新 max 的值，让 max_index 记下 i 的值；

（4）循环变量 i 加 1，转回到（2）；

（5）输出 max 和 max_index 的值。

```
/*
源文件名：ch6_01.c
功能：最高分
*/
#include <stdio.h>
void main()
{
int scores[11] ={0,67,34,90,88,55,74,95,82,43,90}; //score[0]不使用
int max,max_index,i;
max=scores[1];
max_index = 1;
for(i=2;i<=10;i++)
{
    if(scores[i]>max)
    {
        max=scores[i];
        max_index=i;
    }
}

printf( "10 个成绩：");
for (i=1;i<=10;i++)
{
    printf("%d ",scores[i]);
}
printf("\n 最高分%d",max);
printf("\n 第一个最高分的位置%d\n",max_index);
}
```

运行结果如图 6-3 所示。

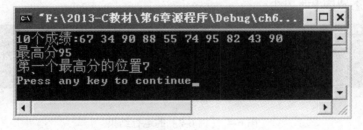

图 6-3　［例 6-1］的运行结果

【思考与练习】学号为 1～10 的同学的体重依次是：44，34，45，38，55，60，52，35，43，46，从中找出最轻者，及最轻同学的学号。

2. 数列

【例 6-2】　使用数组输出斐波纳契数列的前 20 项。斐波纳契数列的开头 2 项依次是 1 和 1，以后的每一项都等于前两项之和（数列的前几项为 1，1，2，3，5，…）

解题思路：用整型数组 numbers[21]存放数列的前 20 项，从下标 1 开始使用，开头 2 项在声明时初始化。该程序实现步骤为

（1）循环变量 i 取初值 3；

（2）如果 i＞20，转到（5）；

（3）numbers[i]＝numbers[i－2]＋numbers[i－1]；

（4）i 加 1，转回到（2）；

（5）循环变量 i 取初值 1；

（6）如果 i＞20，转到（9）；

（7）输出 numbers[i]；

（8）i 加 1，转回到（6）；

（9）结束运行。

```
/*
源文件名：ch6_2.c
功能：斐波纳契数列
*/
#include <stdio.h>
void main()
{
int numbers[21] ;
int i;
numbers[1]=1;
numbers[2]=1;
for (i=3;i<=20;i++)
        numbers[i]=numbers[i-2]+numbers[i-1];
printf("斐波纳契数列的前 20 项为：\n");
for (i=1;i<=20;i++)
        printf("%d ",numbers[i]);
printf("\n");
}
```

程序运行结果如图 6-4 所示。

图 6-4 ［例 6-2］的运行结果

3．排序

排序在程序设计中非常重要，几乎在所有的问题都会遇到排序的问题。排序算法有很多，这里只介绍两种比较简单的排序——选择排序和冒泡排序。

【例 6-3】 使用选择排序算法编写程序，对一个包含 5 个成绩的无序成绩表进行排序，使其成为降序排列的成绩表，最后输出结果。

（1）选择排序算法：假设待排序的数组中有 n 个数，第 1 趟找出第 1 个位置应该放的数，即从 n 个数中找出最大的数，因为降序排列后，第 1 个数必须是 n 个数中最大的，通过 $n-1$ 次比较和交换，第 1 趟的结果使第 1 个数最大。第 2 趟在剩余的 $n-1$ 个数中找出最大的放在第 2 个位置，……，第 $n-1$ 趟找出最后 2 个数中的大数放在第 $n-1$ 个位置，最后剩的数自然放在第 n 位。

假设成绩表存放在数组 int scores[6]中，从下标 1 的位置开始存放。

首先，考虑成绩表的第 1 个位置，这个位置应当放整个成绩表中最高的那个成绩，为了做到这一点，让 scores[1]与后续 scores[2]、…、scores[5]依次比较，保证大数在前，小数在后。此次比较，scores[1]是数组中最大的。

其次，考虑第 2 个位置，我们可以排除已经处理妥当的第 1 个位置，让 scores[2]与后续 scores[3]、…、scores[5]依次比较，保证大数在前、小数在后。此次比较，scores[2]是余下全部元素中最大的。

再考虑第 3 个位置，我们可以排除已经处理妥当的前 2 个位置，在其余位置上寻找一个最大的，然后把它换到第 3 个位置。依次类推，等到倒数第 2 个位置处理妥当，整个成绩表就是降序排列的了。

例如：待排序的 5 个数为 67　34　90　88　55，排序过程如图 6-5 所示。

外循环	第1趟					第2趟				第3趟			第4趟	
内循环	5个数比较4次					4个数比较3次				3个数比较2次			2个数比较1次	
初值	1次	2次	3次	4次	第1趟结果	1次	2次	3次	第2趟结果	1次	2次	第3趟结果	1次	第4趟结果
67	67	67	90	90	90	90	90	90	90	90	90	90	90	90
34	34	34	34	34	34	34	67	88	88	88	88	88	88	88
90	90	90	67	67	67	67	34	34	34	34	67	67	67	67
88	88	88	88	88	88	88	88	67	67	67	34	34	34	55
55	55	55	55	55	55	55	55	55	55	55	55	55	55	34
	最大数90放在第1个位置，剩余4个数继续比较					第2大数88放在第2个位置，剩余3个数比较				第3大数67放在第3个位置，剩余两个数比较			第4大数55放在第4个位置排序结束	

图 6-5　选择排序过程

显然，整个排序过程是一个循环，循环变量等于几，就处理第几个位置。选择排序使用双重循环，外循环变量 i 表示处理第几个位置，i 的取值分别是 1、2、3、…、4。内层循环变量 j 的取值是 i+1、…、5。

（2）选择法排序程序实现方法有两种，下面分别加以介绍。

方法一：

解题思路：成绩表存放在数组 int scores[6]中，从下标 1 的位置开始存放，外循环变量 i 表示处理第几个位置，内循环变量 j 控制寻找。该程序实现步骤如下。

1）循环变量 i 的初值取 1；

2）如果 i≥5，循环结束，转到步骤 8）；

3）循环变量 j 的初值取 i+1；

4）如果 j＞5，转到步骤 7）；

5）如果 scores[i]＜ scores[j]，scores[i]的值与 scores[j]的值交换。

6）循环变量 j 加 1，转回到步骤 4）；

7) 循环变量 i 加 1，转回到步骤 2）；

8) 输出 scores 中的 5 个成绩数据。

```
/*
源文件名：ch6_3选择1.c
功能：成绩表降序排序
*/
#include <stdio.h>
void main()
{
int scores[6] = {0,67,34,90,88,55};
int i,j,temp;
for (i=1;i<5;i++)                        //5个数进行4趟排序
   for (j =i+1;j<=5;j++)                  //每一趟排序次数递减
     if (scores[i]<scores[j])            //如果前面的数小于后面的数,则交换
        {
            temp=scores[i];
            scores[i]=scores[j];
            scores[j]=temp;
        }
printf( "排序结果: ");
for (j=1;j<=5;j++)
     printf("%d ",scores[j]);
   printf("\n");
}
```

程序运行结果如图 6-6 所示。

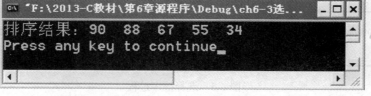

图 6-6   选择排序方法运行结果

方法二：

解题思路：成绩表存放在数组 int scores[6]中，从下标 1 的位置开始存放，用变量 max 保存当前的最大值，用变量 max_index 保存当前的最大值所在的位置，外循环变量 i 表示处理第几个位置，内循环变量 j 控制寻找。该程序实现步骤如下。

1) 循环变量 i 的初值取 1；

2) 如果 i≥5，循环结束，转到步骤 10）；

3) 用变量 max 保存 scores[i]的值，max_index 的初值取 i；

4) 循环变量 j 的初值取 i+1；

5) 如果 j>5，转到步骤 8）；

6) 如果 scores[j]>max，用 scores[j]的值刷新 max 的值，让 max_index 记下 j 的值；

7) 循环变量 j 加 1，转回到步骤 5）；

8) 交换 scores[max_index]和 scores[i]的值；

9）循环变量 i 加 1，转回到步骤 2）；

10）输出 scores 中的 5 个成绩数据。

```c
/*
源文件名：ch6_3 选择 2.c
功能：成绩表降序排序
*/
#include <stdio.h>
void main()
{
int scores[6] ={0,67,34,90,88,55};
int max,max_index,i,j;
for (i=1;i<5;i++)
{
    max=scores[i];
    max_index=i;
    for (j=i+1;j<=5;j++)
      if (scores[j]>max)
        {
            max=scores[j];
            max_index=j;        //记录本次比较最大数位置
        }
    scores[max_index]=scores[i];
    scores[i]=max;
}
printf("排序结果: ");
for(j=1;j<=5;j++)
      printf("%d ",scores[j]);
printf("\n");
}
```

程序运行结果同方法 1 程序。

【例 6-4】 使用冒泡排序算法编写［例 6-3］程序。

（1）冒泡排序算法（降序排序）：n 个数排序，将相邻两个数依次进行比较，若前面数小，则两个数交换位置，直至最后一个元素被处理，最小的元素就"沉"到最下面，即在最后一个元素位置；然后，再将 $n-1$ 个数继续比较，重复上面操作，直至比较完毕。

可采用双重循环实现冒泡排序，外循环控制进行比较的趟数，内循环实现找出最大的数，并放在最后的位置上。n 个数进行排序，共进行 $n-1$ 趟，内循环第 1 次循环找出 n 个数的最大值，移放在最后位置上，以后每次循环中其循环次数和参加比较的数依次减 1。

本例中冒泡法排序过程如图 6-7 所示。

（2）冒泡排序程序实现步骤如下。

1）循环变量 j 的初值取 1；

2）如果 j≥5，循环结束，转到步骤 8）；

3）循环变量 j 的初值取 1；

4）如果 i≥5−j，转到步骤 6）；

5）如果 scores[i]<score[i+1]，两者值交换；

外循环	第1趟					第2趟				第3趟			第4趟	
内循环	5个数比较4次					4个数比较3次				3个数比较2次			2个数比较1次	
初值	1次	2次	3次	4次	第1趟结果	1次	2次	3次	第2趟结果	1次	2次	第3趟结果	1次	第4趟结果
67	67	67	67	67	67	67	90	90	90	90	90	90	90	90
34	34	34	90	90	90	90	67	67	67	67	67	88	88	88
90	90	90	34	88	88	88	88	88	88	88	67	67	67	67
88	88	88	88	34	55	55	55	55	55	55	55	55	55	55
55	55	55	55	55	34	34	34	34	34	34	34	34	34	34
	最小数34沉底，剩余4个数继续比较					次小数55沉底，剩余3个数继续比较				67沉底，剩余2个数继续比较			88沉底排序结束	

图 6-7   冒泡排序过程

6）循环变量 i 加 1，转回到步骤 4）；

7）循环变量 j 加 1，转回到步骤 2）；

8）输出 scores 中的 5 个成绩数据。

```
/*
源文件名：ch6_4.c
功能：成绩表降序排序
*/
#include <stdio.h>
void main()
{
int scores[6]={0,67,34,90,88,55};
int i,j,temp;
for (j=1;j<5;j++)                    //第 j 趟比较
    for(i=1;i<=5-j;i++)             //第 j 趟中两两比较 5-j 次
        if(scores[i]<scores[i+1])  //交换大小
        {
          temp=scores[i];
          scores[i]=scores[i+1];
          scores[i+1]=temp;
            }
printf( "排序结果：");
for (j=1;j<=5;j++)
  printf("%d ",scores[j]);
printf("\n");
}
```

4. 查找

查找的实现方法有很多，最原始的也是最常用的方法是按"顺序查找"，如果原始数据是有序的（递增或递减），则可使用高效的"折半查找"方法快速找出要查找的数据。

（1）线性查找，其思路是从数组的第一个元素开始，依次将要查找的数和数组中元素比较，直到找到该数或找遍整个数组为止。

【例 6-5】 在成绩表中查找某个成绩，给出是否找到的信息。如果找到了要求输出该数在成绩表中所处的位置；如果找不到输出"没有找到!"

解题思路：使用变量 find 用以判断查找是否成功，0 表示未成功，1 表示成功，初始为 0。输入成绩与数组中数据一一对比，若找到所需的数即可退出循环，不必要搜索所有数组元素，并记录该数的位置。

```c
/*
源文件名：ch6_5.c
功能：线性查找
*/
#include <stdio.h>
void main()
{
int scores[11]={0,67,34,90,88,55,74,95,82,43,92};  //scores[0]不用
int x,i,find=0;
printf("请输入要找的数：");
scanf("%d",&x);
for (i=1;i<11;i++)
    if(scores[i]==x)
    {
        find=1;
        break;
    }
    if(find==1)
    printf("\n 在成绩表第%d 个位置找到了%d\n",i,x);
else
    printf("\n 没有找到\n");
}
```

程序运行结果（输入数存在）如图 6-8 所示。

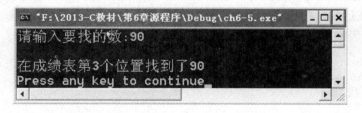

图 6-8　输入数存在时的运行结果

程序运行结果（输入数不存在）如图 6-9 所示。

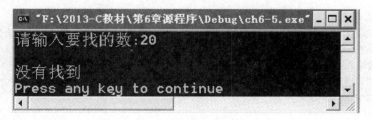

图 6-9　输入数不存在时的运行结果

（2）二分查找，二分查找又称为对半查找（仅限于排好序的数据中查找）。它的基本思想

是：假定数据是按升序排列的，对于给定值 k，从序列的中间位置开始比较，如果当前位置值等于 k，则查找成功；否则若 k 小于当前位置值，则在序列的前半段数据中继续查找；若 k 大于当前位置值，则在序列的后半段数据中继续查找，直到找到为止。若表示序列查找范围的上、下界数值颠倒时，查找不成功。

对于如下已排序的数据序列（数组 a），要求查找给定值 $k=2$。

  0 1 2 4 5 7 8 9

查找过程如下。

1）用 left、right 作为查找范围的上、下界，用 mid 表示每次比较的数据对象的位置，它在由 left 和 right 标记的查找范围的中间，即

  mid=(left+right)/2

2）最初 left=0，right=7，则 mid=3，若用 "[" 和 "]" 代表查找范围，着重号指明要比较的数，即 mid 所在位置，则有下列表示

  [0 1 2 4 5 7 8 9]

3）此时 a[mid]=4，k<a[mid]，应在前半段中查找。重新设定查找范围如下。

left=0，right=mid−1=2，则 mid=1，并有下列表示

  [0 1 2] 4 5 7 8 9

4）此时 a[mid] =1，k>a[mid]，应在后半段中查找。重新设定查找范围如下。

left=mid+1=2，right=2，则 mid=2，并有下列表示

  0 1 [2] 4 5 7 8 9

5）此时 k=a[mid]=2，则查找成功。

若 k=3，根据以上过程查找时，会出现 left>right 的情况，表示查找不成功。

【例 6-6】 在已排好序的成绩表中查找某个成绩，给出是否找到的信息。如果找到了要求输出该数在成绩表中所处的位置；如果找不到输出 "没有找到!"

```
/*
源文件名：ch6_6.c
功能：二分查找
*/
#include <stdio.h>
#define N 10
void main()
{
int scores[N] = {34,43,55,67,74,82,88,90,92,95};
int x,find=0;/*find用以判断查找是否成功,0表示未成功,1表示成功,初始为0*/
int mid,left=0,right=N-1;
printf("请输入要找的数：");
scanf("%d",&x);
while(left<=right)
{
    mid=(left+right)/2;
    if(x==scores[mid])
    {
```

```
        find=1;                     //若找到所需的数即可退出循环
        break;
    }
    else if(x<scores[mid])          //若 x< scores[mid],则在前半段查找
        right=mid-1;
    else                            //若 x>scores[mid],则在后半段查找
        left=mid+1;
}
    if(find==1)
    printf("\n 在成绩表第%d 个位置找到了%d\n",mid+1,x);
else
    printf("\n 没有找到\n");
}
```

程序运行结果（输入数存在）如图 6-10 所示。

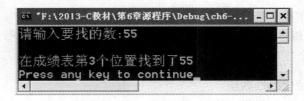

图 6-10 ［例 6-6］输入数存在时的运行结果

程序运行结果（输入数不存在）如图 6-11 所示。

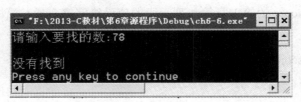

图 6-11 ［例 6-6］输入数不存在时的运行结果

6.3 二 维 数 组

数组是组织在一起的一批同类型变量，在程序中可以使用数组名和下标来引用其中的任何一个元素。例如，100 位学生的成绩可以用数组 float score[100]来存放，在程序中能方便地用 score[i]存取第 i 位学生的成绩。

如果这批学生都要学习 10 门课程，每位都有 10 个成绩，我们该怎样存放这 1000 个成绩，并且能够在程序中方便地处理任何一位学生的任何一个成绩呢？

我们可以声明 10 个数组：

 float score1[100]、float score2[100]、…、float score10[100]

分别存放第 1 门、第 2 门、…、第 10 门课程的成绩。如果我们需要计算第 1 门课程的最高成绩，可以在程序中通过 score1 下标的循环做到，但是，如果我们需要计算第 1 位学生各门课程的最高成绩，写程序就有点麻烦了，课程门数越多，麻烦越大。麻烦的根本原因在于

score1、score2、…、score10 没有组织在一起。

要把 score1、score2、…、score10 这样 10 个数组组织起来，可以声明 1 个"数组的数组"来代替 10 个孤立的数组：float score[10][100]，这个数组有 10 个元素，每个元素又是一个包含 100 个实型元素的数组；或者，我们也可以认为，这个数组包含 1000 个实型元素，但这些元素不是排列在同一行，而是整齐地排列成 10 行 100 列。

为了在这个数组中存取某一个元素，我们需要指明元素在哪一行、哪一列，换句话说，需要使用两个下标。我们把这样的数组称为二维数组。

6.3.1　声明二维数组

声明二维数组的一般格式为

类型标识符　变量名［N1］［N2］;

📝 **说　明**

（1）类型标识符指定了数组中每个元素的类型。

（2）N1 指定了数组中包含的元素行数，N2 指定了数组中包含的元素列数。

（3）数组的第 1 个下标范围是从 0 至 N1 - 1，第 2 个下标范围是从 0 至 N2 - 1。

6.3.2　访问与初始化二维数组

访问二维数组元素的一般格式为

数组名［下标 1］［下标 2］

例如，声明了数组　int score[20][5];

（1）若要把数组 score 的第 1 行第 4 列元素的值赋给字符变量 t，使用语句：

```
t=score[0][3];
```

（2）若要向数组 score 的第 3 行第 5 列元素存入 90，使用语句：

```
score[2][4]=90;
```

📝 **说　明**

（1）二维数组初始化的方法与一维数组类似，但每一行的值都用一对花括号括起来。例如：

int a[2][2]={{1,3}，{8,6}};

（2）对整型和实型的二维数组，有以下特殊情况：

1）实际数据的列数可以少于数组的列数，这时只对每一行的前面部分初始化，例如：

int a[2][9]={{1,3}，{8,6}};

2）行数可以省略，由实际数据决定。例如：

int a[][2]={{1,3}，{8,6}，{9,5}};

相当于 int a[3][2]={{1,3}，{8,6}，{9,5}};

3）在行数和列数都不省略的情况下，内层的花括号可以省略。例如：

int a[2][2]={1,3,8,6};

6.3.3　二维数组的应用

二维数组相对于一维数组来说要复杂很多，二维数组常用于矩阵数据处理。

【**例 6-7**】 编写程序实现下述功能：将下列 3 行 3 列矩阵的元素存入数组，然后找出每一行的最大值并输出。

```
2    5    7
1    8    6
9    7    6
```

解题思路：用二维数组 a[3][3]存放矩阵，max 存放一行中目前的最大值。该程序实现步骤如下。

（1）用二重循环显示矩阵元素；

（2）用循环变量 i 控制行号，初值为 0；

（3）如果 i＞＝3，转到（11）；

（4）用 a[i][0]的值作为本行目前最大值；

（5）用循环变量 j 控制列号，初值为 1；

（6）如果 j＞＝3，转到（9）；

（7）如果 a[i][j]＞max，用 a[i][j]的值作为 max 的新值；

（8）循环变量 j 加 1，转回到（6）；

（9）输出 max 的值；

（10）循环变量 i 加 1，转回到（3）；

（11）结束运行。

```c
/*
源文件名：ch6_7.c
功能：寻找每一行的最大值
*/
#include <stdio.h>
void main()
{
int a[3][3]={{2,5,7},{1,8,6},{9,7,6}};
int i,j,max;
//输出矩阵
for(i=0;i<3;i++)
{
    for(j=0;j<3;j++)
        printf("%d ",a[i][j]);
    printf("\n");
}
//找每一行最大值
for (i=0;i<3;i++)
{
    max=a[i][0];
    for(j=1;j<3;j++)
    {
        if(a[i][j]>max)
            max=a[i][j];
    }
printf("第%d 行的最大值是%d：\n",i+1,max);
}
}
```

程序运行结果如图 6-12 所示。

图 6-12　［例 6-7］的运行结果

6.4　任务实施（一维数组）

通过对 6.2～6.3 节的学习，我们熟悉了一维数组、二维数组。现在完成 6.1 节的任务。

6.4.1　任务分析

思路：通过使用用户输入值模拟评委打分情况。解题思路如下。

（1）通过定义一个一维数组来存储用户输入的各个分数值。

（2）使用单独变量记录最高分和最低分，以及最高分和最低分所在的位置。

（3）求除最高分和最低分之外的所有分数之和，最终取其平均值。

6.4.2　程序代码

```c
/*
    源文件名：ct6-1.c
    功能：求选手成绩
*/
#include <stdio.h>
void main()
{
int a[11],i;        //a[0]不用
int min,max,minindex,maxindex,sum=0;
float averg;
printf("请输入 10 个成绩：\n");
for(i=1;i<11;i++)
{
    printf("第%d 个成绩：",i);
    scanf("%d",&a[i]);
}
max=min=a[1];
for(i=2;i<11;i++)
{
    if(a[i]>max)    //找最高分
    {
        maxindex=i;
        max=a[i];
    }
    if(a[i]<min)    //找最低分
```

```
    {
        minindex=i;
        min=a[i];
    }
}
for(i=1;i<11;i++)        //排除最大值和最小值,求其他所有数之和
{
    if(i!=maxindex&&i!=minindex)
    {
        sum+=a[i];
    }
}

averg=sum/8.0;  //不可直接写 averg=sum/8;避免产生取整误差
printf("最终成绩为：%.3f\n",averg);
}
```

6.5　任务导入（字符数组）

✿【任务描述】

编写密码验证程序：程序执行时，应提示用户输入密码（密码可以是任意字符，最多 10 位），如果密码不正确，则允许重新输入，但最多允许输入 3 次，若 3 次输入的密码均错，就立即结束程序，程序运行结果如图 6-13 所示。如果密码正确，则显示"欢迎进入……"，程序运行结果如图 6-14 所示。

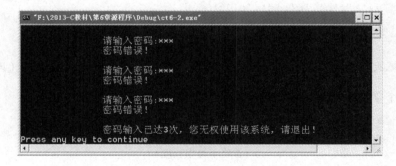

图 6-13　输入密码都不正确运行结果

图 6-14　输入密码正确运行结果

🎧【提出问题】

（1）如何存储密码？

（2）如何验证密码？

6.6　字符数组与字符串

字符数组的数组元素可用来存放字符型数据，一个数组元素可以存放一个字符。字符串是 C 语言的一种数据类型，它由若干个字符组成，有一个结束标志'\0'。

6.6.1　字符数组的定义和初始化

字符数组的定义、初始化与前面所介绍的一维数组、二维数组的定义、初始化格式基本类同。其类型说明符为 char。

1. 字符数组的定义

一维字符数组定义格式为

存储类型　　char　数组名[长度];

二维字符数组定义格式为

存储类型　　char　数组名[长度 1] [长度 2];

需注意的是字符数组存放字符串时，定义长度中要包含字符串结束标志'\0'的位置。例如：

```
char a[10];              /*定义了长度为 10 的一维数组 a*/
char a[5][10];           /*定义了包含 5 行 10 列个字符的二维字符数组 a*/
```

2. 字符数组的初始化

字符数组有两种初始化方法。

（1）按单个字符的方式赋初值。例如：

```
char ch[5]={'a','b','c','d','e'};
char ch[]={'a','b','c','d','e'};
```

📝 **注 意**

初值个数不大于数组长度；若小于数组长度，其余元素自动定为空字符（即'\0'）。

（2）把一个字符串作为初值赋给字符数组。例如：

```
char c[6]={"CHINA"};
char c[6]="CHINA";              /*省略{}*/
char c[]={"CHINA"};             /*省略字符串长度*/
char c[]="CHINA";
```

📝 **注 意**

1）char　str[ ]="abcde";

定义等价于: char str[ ]={'a','b','c','d','e','\0'};　　　　　//大小是 6
但却不等价于: char str[ ]={'a','b','c','d','e'};　　　　　　//大小是 5

2）也可以这样为一个字符数组变量赋初值：

```
char str[10]="abcde";                                    //大小是 10
```

它等价于：

```
char str[10]={'a','b','c','d','e'};
```

因为，未指定值的字符单元默认被赋值为'\0'了。

3）字符串常量只能在定义字符数组变量时赋初值给字符数组变量，而不能将一个字符串常量直接赋值给字符数组变量。

下面的做法是错误的：

```
char str[20];
str="abcdef";
```

str 是数组名，不能被赋值。要想将一个字符串常量"赋值"给一个字符数组变量，需要利用后面所介绍的标准库函数。

6.6.2 字符串的概念及存储

字符串是指若干有效字符的序列，其表示方法是用双引号将字符序列括起来，如"string"。字符串可以包括转义字符及 ASCII 码表中的字符（控制字符以转义字符出现）。在对字符串进行处理时，字符串存放在字符数组中。

字符串占连续的存储空间，字符串中的每一个字符占一个字节，字符数组名表示存储空间的首地址，即第一个字符的首地址。例如：

```
char s[14]={"How are you?"};
```

系统将双引号括起来的字符依次赋给字符数组的各个元素，并自动在末尾补上字符串结束标志'\0'，并一起存到字符数组 s 中，s 的长度为 14，实际字符只有 12 个，其存储示意图如图 6-15 所示。

S[0]	s[1]	s[2]	s[3]	s[4]	s[5]	s[6]	s[7]	s[8]	s[9]	s[10]	s[11]	s[12]	s[13]
H	o	w		a	r	e		y	o	u	?	\0	

图 6-15 字符串存储方式

6.6.3 字符串的输入与输出

1. 用 scanf()、printf()函数输入、输出

（1）用格式符"%c"逐个输入、输出。例如：

```
#include <stdio.h>
void main()
{
  char c[10];
  int i;
  for(i=0;i<10;i++)
    scanf("%c",&c[i]);
  for(i=0;i<10;i++)
    printf("%c",c[i]);
}
```

程序运行结果：

```
abcdefghij↙ (输入)
a b c d e f g h i j
```

说明：程序中的第 1 个 for 循环语句，将输入的字符'a', 'b', 'c', 'd', 'e', …, '; '分别赋给 a[0]，a[1]，a[2]，a[3]，a[4]，…，a[9]，第 2 个 for 循环语句则将字符数组元素的值输出。

注意：利用"%c"进行输入、输出时，每按下一个键均作为一个字符，包括"回车"键。

（2）用格式符"%s"整串输入、输出。由于数组名表示第 1 个字符的首地址，故在输入、输出时可直接使用数组名，如上例可修改为

```
void main()
{
  char c[10];
  scanf("%s",c);
  printf(" %s ",c);
}
```

注 意

1）输出字符不包括结束符'\0'。

2）利用"%s"进行输入时，输入的结束标记是"空格"或"回车"键。

3）如果数组长度大子字符串实际长度，也只输出到遇'\0'结束。例如：

```
char  c[10]={"China"};
printf("%s",c);
```

也只输出"China"5 个字符，而不是输出 10 个字符。这就是用字符串结束标志的好处。

4）如果一个字符数组中包含一个以上'\0'，则遇第一个'\0'时输出就结束。

2．用字符串处理函数输入、输出

字符串的输入、输出还可以使用 gets()和 puts()进行整体的输入、输出，使用这两个函数必须在程序的开头增加包含命令"#include <stdio.h>"。

（1）字符串输入函数。

格式：gets（字符数组名）

功能：从键盘上输入一个字符串存入到指定的字符数组中，以"回车"键作为结束标记，返回字符数组的首地址。

（2）字符串输出函数。

格式：puts（字符数组名）

功能：把字符数组中存放的字符串输出，把字符串结束标记转换为回车换行符。

把上例可修改为

```
#include <stdio.h>
void main()
{
  char c[10];
  gets(c);
  puts(c);
}
```

程序运行结果：

```
I learn Turbo C.✓(输入)
I learn Turbo C.
```

从这个程序可以看出，用 gets()函数可以解决字符串中含空格问题。

注　意

1）用 gets()puts()、scanf("%s"，…)、printf("%s"，…)函数进行字符数组的整体输入、输出时，参数是数组名。

2）注意 gets()和 scanf("%s"，…)的区别，gets()输入字符串时，其结束标志是"回车"键，而 scanf("%s"，…)输入字符串时其结束标志是"空格"或"回车"键。

6.6.4　字符串处理函数

C 语言提供了多个专门处理字符串的函数，使用这些库函数可以大大减轻编程负担。在使用前必须加#include <string.h>。下面介绍这些函数的格式及使用方法。

1. 字符串连接函数 strcat()

格式：strcat（字符数组名 1，字符数组名 2）

或 strcat（字符数组名 1，字符串常量）

功能：将第 2 个参数所指的字符串连接到第 1 个参数所指的字符串的后面，并自动覆盖第 1 个参数所指的字符串的尾部字符'\0'，函数调用后得到一个函数值——字符数组 1 的地址。

字符串连接示例：

```
#include <stdio.h>
#include <string.h>
void main()
{
  char str1[30]="We ";
  char str2[]="study ";
  strcat(str1,str2);
  printf("%s\n",str1);
  strcat(str1,"C Language.");
  printf("%s\n",str1);
}
```

程序运行结果如图 6-16 所示。

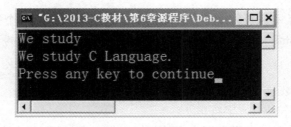

图 6-16　字符串连接示例运行结果

注　意

字符数组 1 的大小一定要能容纳连接后的新字符串。否则将造成数组越界操作，非常危险。

2. 字符串复制函数 strcpy()

格式：strcpy（字符数组名 1，字符数组名 2[，整型表达式]）

或 strcpy（字符数组名 1，字符串常量[，整型表达式]）

功能：将第 2 个参数表示的前"整型表达式"个字符存入到指定的"字符数组名 1"中，若省略"整型表达式"，则将第 2 个参数表示的字符串整个存入"字符数组名 1"中。返回字符数组的首地址。

字符串复制示例：

```
#include <stdio.h>
#include <string.h>
void main()
{
  char str1[20],str2[20];
  strcpy(str1,"Hello");
  printf("%s\n",str1);
  strcpy(str2,str1);
  printf("%s,%s\n",str1,str2);
}
```

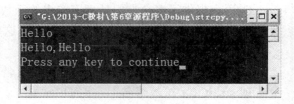

程序运行结果如图 6-17 所示。

图 6-17　字符串复制示例运行结果

📝 注 意

（1）字符数组 1 必须定义得足够大，以便容纳被拷贝的字符串。字符数组 1 的长度不应小于第 2 个参数表示的字符串的长度。

（2）不能用赋值语句将一个字符串常量或字符数组直接赋给一个字符数组。如下面是不合法的：

```
str1={"China"};
str1=str2;
```

而只能用 strcpy 函数处理。用赋值语句只能将一个字符赋给一个字符型变量或字符数组元素。如下面是合法的：

```
char a[5],c1,c2;
c1='A';c2='B';
a[0]='C';a[1]='h';a[2]='i',a[3]='n';a[4]='a';
```

（3）可以用 strcpy 函数将第 2 个参数表示的字符串中前面若干个字符拷贝到字符数组 1 中去。例如，strcpy（str1，str2，2）；作用是将 str2 中前面 2 个字符拷贝到 str1 中去，然后再加一个'\0'.

3. 字符串比较函数 strcmp()

格式：strcmp（字符串 1，字符串 2）

功能：对两个字符串自左至右逐个字符相比（按 ASCII 码值大小比较），直到出现不同的字符或遇到'\0'为止。如全部字符相同，则认为相等；若出现不相同的字符，则以第一个不相同的字符的比较结果为准。比较的结果由函数值带回。比较结果有以下 3 种情况。

（1）如果字符串 1＝字符串 2，函数值为 0。

（2）如果字符串 1＞字符串 2，函数值为一正整数。

（3）如果字符串 1＜字符串 2，函数值为一负整数。

📝 注 意

对两个字符串比较，不能用 if(str1==str2)printf("yes\n");而只能用 if(strcmp

（str1，str2）＝＝0）prinif（"yes\n"）。

字符串比较示例：

```
#include <stdio.h>
#include <string.h>
void main()
{
  char str1[]={"abcde"};
  char str2[]={"abcdef"};
  strcpy(str1,"Hello");
  if(strcmp(str1,str2)==0)
      printf("yes\n");
  else printf("no\n");
}
```

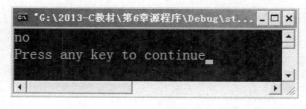

图 6-18　字符串比较示例运行结果

程序运行结果如图 6-18 所示。

4．测试字符串长度函数 strlen()

格式：strlen（字符数组名）或 strlen（字符串常量）

功能：测试字符串的实际长度，不包括'\0'在内。

测试字符串长度示例：

```
#include <stdio.h>
#include <string.h>
void main()
{
  char a[20]="Very good!";
  int n1,n2;
  n1=strlen("Good bye.");
  n2=strlen(a);
  printf("n1=%d,n2=%d\n",n1,n2);
}
```

程序运行结果如图 6-19 所示。

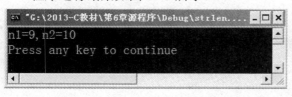

图 6-19　测试字符串长度示例运行结果

5．大写字母全部转换为小写字母函数 strlwr()

格式：strlwr（字符串）

功能：将指定字符串中所有的大写字母转换为小写字母，返回转换后的字符串的首地址。

6．小写字母全部转换为大写字母函数 strupr()

格式：strupr（字符串）

功能：将指定字符串中所有的小写字母转换为大写字母，返回转换后的字符串的首地址。

说明：字符串函数包含于头文件 "string.h" 中，常用的字符串函数见附录 C；字符函数包括于头文件 "ctype.h" 中，常用的字符函数见附录 C。

6.6.5　字符数组与字符串应用举例

【例 6-8】　输入一字符串，计算并输出其中字母 e（大小写不论）的个数。

解题思路：用字符数组 str[256]保存字符串，用整型变量 count 记录字母 e 的个数，初值为 0。该程序实现步骤如下。

（1）显示输入提示信息；

（2）输入字符串到 str；

（3）循环变量 i 取初值 0；

（4）如果 str[i]的值是'\0'，转到（7）；

（5）如果 str[i]的值是字符 e 或 E，count 加 1；

（6）i 加 1，转回到（4）；

（7）输出 count 的值。

```c
/*
源文件名：ch6_8.c
功能：字母 e 的个数
*/
#include <stdio.h>
void main()
{
char str[256]="";
int count=0;
int i=0;
printf("请输入一字符串：");
gets(str);
while(str[i]!='\0')
{
    if(str[i]=='e'||str[i]=='E')
                count++;
    i++;
}
printf("字符串中 e 或 E 的个数：%d\n",count);
}
```

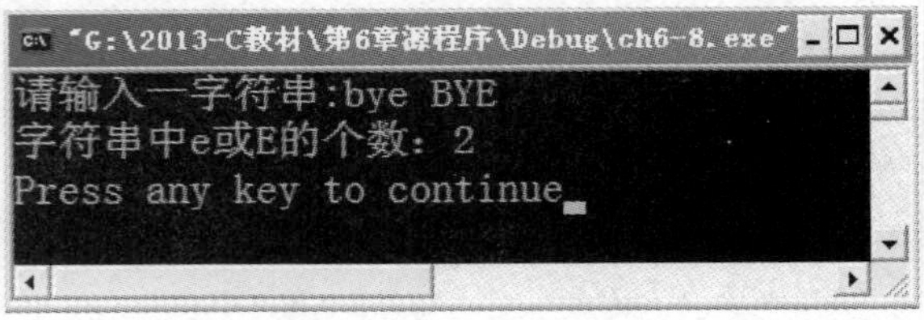

图 6-20　[例 6-8]的运行结果

程序运行结果如图 6-20 所示。

6.7　任务实施（字符数组）

6.7.1　任务分析

6.5 节任务的关键是密码输入，一个良好密码输入程序是在用户输入密码时不显示密码本身，只回显"*"。为了不显示输入内容，可以使用 getch 函数，它包含在"conio.h"头文件中。在屏幕上显示"*"，可以使用"putchar（'*'）;"。在判断输入密码和初始密码是否相等时，需使用 strcmp()函数。

6.7.2　程序代码

```c
#include <stdio.h>
#include <string.h>
#include <conio.h>
void main()
```

```
{
char pwd[11]="";                            //定义字符数组存储密码
char ch;
int i,j;
system("cls");                              //清屏
for(i=1;i<=3;i++)                           //i 控制密码输入的次数
{
    printf("\n\t\t 请输入密码: ");
    j=0;
    while(j<10&&(ch=getch())!='\r')         //'\r'表示回车符
    {
        pwd[j++]=ch;
        putchar('*');                       //在屏幕上回显"*"
    }
    pwd[j]='\0';                            //添加字符串结束标志'\0'
    if(strcmp(pwd,"123456")==0)             //密码正确的情况
    {
        //system("cls");
        printf("\n\t\t 欢迎进入……\n");
        getch();                            //屏幕暂停,按任意键继续
        break;
    }
    else
        printf("\n\t\t 密码错误! \n");
}
if(i>3)
{
    printf("\n\t\t 密码输入已达 3 次,您无权使用该系统,请退出! \n");
    exit(0);
}
}
```

6.8 本 章 小 结

6.8.1 知识点

本章详细讲解了数组的有关知识;深入介绍了一维数组的定义、初始化、元素的引用,详细介绍了字符串的输入/输出、常见操作,同时详细介绍了几种排序、查找算法。本章的知识结构如表 6-1 所示。

表 6-1　　　　　　　　　　　　本 章 知 识 结 构

一维数组	定义	类型说明符　数组名[常量表达式]		
	引用	数组名[下标]		
二维数组	定义	类型说明符　数组名[常量表达式 1] [常量表达式 2]		
	引用	数组名[下标 1] [下标 2]		
字符串	定义			
	字符串输入/输出	puts（str）; gets（str）;		
	字符串处理函数	strlen（str）; strcpy（str1, str2）; strcmp（str1, str2）; strcat（str1, str2）;		

6.8.2 常见错误

（1）对数组变量直接赋值。数组变量名是地址常量，不能对数组变量名进行赋值，下面的做法是错误的。

```
int a[10];
char str[20];
a=3;                   //错误
str="abc";             //错误
```

（2）用数组变量名代表数组单元的全部。数组变量名仅仅是数组在内存中的地址，本身不代表数组单元的全部。因此，下面的做法并不能将一个数组中的数据复制到另一个数组中。

```
int a[5],b[5]={1,2,3,4,5};
a=b;                   //错误
```

要想将一个 int 型数组复制到另一个数组中，需要使用循环语句，例如：

```
int a[5],b[5]={1,2,3,4,5};
int k;
for(k=0;k<5;k++)
   a[k]=b[k];
```

（3）利用＝＝比较字符串是否相等。字符串的实质是字符数组，数组之间的大小比较不能用＝＝，字符串之间的大小比较可以利用 strcmp 函数。下面的做法是错误的。

```
char str1[20];
scanf("%s",str);
if(str=="abc")…
```

（4）定义数组变量时使用其他变量指定大小。C 语言规定，定义数组变量时，数组的大小必须是一个正整数常量。下面的做法是错误的。

```
int k;
scanf("%d",&k);
int a[k];
```

（5）定义数组变量时未指定大小。定义数组变量时，如果为数组变量赋了初值，可以省略数组的大小。但如果没有赋初值，则不能省略数组的大小。例如：

```
int a[]={1,2,3};     //正确
int b[];             //错误
```

（6）利用＝来复制字符串。字符串的复制需要调用 strcpy 函数，不能直接使用"＝"来复制字符串，例如：

```
char str[10];
str="abc";              //错误,应改为 strcpy(str,"abc");
```

（7）输出一个没有'\0'结尾的字符串。下面的做法虽然没有语法错，但执行结果却是无法预知的。

```
char str[5]={'a','b','c','d,' 'e'};
printf("%s",str);
```

字符数组 str 没有值是'\0'的单元，printf 函数将从'a'开始显示字符，直到遇到字符'\0'为止，

因此，printf 函数显示完'e'后，没有结束操作，继续显示'e'后面的字符，直到遇到字符'\0'。

（8）数组越界操作。当对数组元素赋值时，引用数组单元的下标如果超出了合法的范围，就会出现越界操作。通常数组越界操作有以下几种情况。

1）误以为 a[n]是 a 的第 n 个元素。例如：

```
int a[10],k;
for(k=1;k<=10;k++)
    a[k]=k;
```

2）定义的字符数组太小。例如：

```
Char str1[5]="abcde";  //未考虑'\0'位置
```

3）作为下标的变量或变量表达式在某些情况下超过了数组的长度或成为负值。

6.9 课 后 练 习

一、选择题

1. 有定义语句"int a[]={1, 2, 3, 4, 5, 6};"，则 a[4]的值是_____。

   A. 4   B. 1   C. 2   D. 5

2. 执行下面的程序段后，变量 k 中的值为_____。

```
int k=3,s[2];
s[0]=k;
k=s[1]*10;
```

   A. 不定值   B. 33   C. 30   D. 10

3. 在定义"int a[10];"之后，对 a 元素的引用正确的是_____。

   A. a[10]   B. a[6,3]   C. a（6）   D. a[10-10]

4. 以下程序的输出结果是_____。

```
void main()
{
    int a[10],i;
    for(i=9;i>=0;i--)
      a[i]=10-i;
    printf("%d%d%d",a[2],a[5],a[8]);
}
```

   A. 258   B. 741   C. 852   D. 369

5. 以下程序的输出结果是_____。

```
void main()
{
    int p[7]={11,13,14,15,16,17,18},i=0,k=0;
    while(i<7&&p[i]%2)
    {k=k+p[i];
     i++;}
    printf(" %d\n",k);
}
```

   A. 58   B. 56   C. 45   D. 24

6. 合法的数组定义是_____。

A. `char  a[]="string";` B. `int a[5]={0，1，2，3，4，5};`
C. `int  s="string";` D. `char a[]={0，1，2，3，4，5};`

7. 有两个字符数组 a[40]，b[40]，则以下正确的输入语句是_____。

A. `gets (a, b);` B. `scanf ("%s%s", a, b);`
C. `scanf ("%s%s", &a, &b);` D. `gets ("a"); gets ("b");`

8. 判断两个字符串是否相等，正确的表达方式是_____。

A. `while（s1==s2）` B. `while（s1=s2）`
C. `while（strcmp（s1，s2）==0）` D. `while（strcmp（s1，s2）=0）`

9. 运行下面的程序，如果从键盘上输入：ABC 时，输出的结果是_____。

```
#include <string.h>
void main()
{
  char ss[10]="12345";
  strcat (ss, "6789");
  gets (ss);
  printf ("%s\n", ss);
}
```

A. ABC B. ABC9
C. 123456ABC D. ABC456789

10. 以下程序的输出结果是_____。

```
void main()
{
  char str[12]={ 's','t','r','i','n','g'};
   printf("%d\n",strlen(str));
}
```
A. 6 B. 7 C. 11 D. 12

11. 以下程序段的输出结果是_____。

```
char s[]="\\141\141abc\t";
printf ("%d\n", strlen (s));
```
A. 9 B. 12 C. 13 D. 14

12. 下列程序执行后的输出结果是_____。

```
#include <string.h>
void main()
{
  char arr[2][4];
  strcpy(arr,"you");
  strcpy(arr[1],"me");
  arr[0][3]='&';
  printf("%s\n",arr);
}
```

A. you&me B. you C. me D. err

13. 以下程序的输出结果是_____。

```
void main()
  {
```

```
int a[3][3]={{1,2},{3,4},{5,6}},i,j,s=0;
for(i=1;i<3;i++)
    for(j=0;j<=i;j++)
        s+=a[i][j];
printf("%d\n",s);
}
```

A. 21　　　　　　B. 19　　　　　　C. 20　　　　　　D. 18

14. 以下程序的输出结果是_____。

```
void main()
{
    int x[3][3]={1,2,3,4,5,6,7,8,9},i;
    for(i=0;i<3;i++)
        printf("%d ",x[i][2-i]);
}
```

A. 1 5 9　　　　B. 1 4 7　　　　C. 3 5 7　　　　D. 3 6 9

15. 若有以下定义语句，则表达式"x[1][1]*x[2][2]"的值是_____。

```
float  x[3][3]={{1.0,2.0,3.0},{4.0,5.0,6.0}};
```

A. 0.0　　　　　B. 4.0　　　　　C. 5.0　　　　　D. 6.0

二、填空题

1. 在定义"int a[5][6];"后，第 10 个元素是_____。

2. 当接收用户输入的含空格的字符串时，应使用的函数是_____。

3. 以下程序的输出结果是_____。

```
void main()
{
    char s[]="abcdef";
    s[3]='\0';
    printf("%s\n",s);
}
```

4. 以下程序的输出结果是_____。

```
void main()
{
    int m[][3]={1,4,7,2,5,8,3,6,9};
    int i,k=2;
    for(i=0;i<3;i++)
    printf("%d",m[k][i]);
}
```

三、编写程序

1. 编写程序实现下述功能：有 10 位学生的成绩为 17、34、90、88、55、74、95、82、43、90。编写程序找出其中的最高分，并将最高分与第一个成绩交换位置。

2. 编写程序实现下述功能：将数组 a 的内容逆置重放。要求不得另外开辟数组，只能借助于一个临时存储单元。

3. 编写程序实现下述功能：有一个已经排好序的数组。要求输入一个数，在数组中查找是否有这个数，如果有，则将该数从数组中删除，要求删除后的数组仍然保持有序；如果没有，则输出"数组中没有这个数！"

4．编写程序实现下述功能：输入一字符串，分别统计其中 26 个字母（大小写不论）的个数，最后输出统计结果。

5．编写程序实现下述功能：从键盘输入两个字符串，然后在第一个字符串中的最大字符后面插入第二个字符串。

6．编写程序实现下述功能：从键盘输入 3 行 3 列矩阵的元素，然后找出全部元素中的最大值与最小值并输出。

7．编写程序实现下述功能：从键盘输入 3 行 3 列矩阵的元素，然后分别计算两条对角线上数值的之和，并输出结果。

6.10 综 合 实 训

【实训目的】
（1）熟悉变量、数组定义、使用、输入、输出等基本操作。
（2）掌握字符数组和字符串的使用。
【实训内容】

实训步骤及内容	题 目 解 答	完成情况
准备阶段： （1）在磁盘上建立工作目录。 （2）启动 Visual C++ 6.0		
实训内容： 实训 1：有 10 个学生参加考试，要求使用一维数组编写程序实现下述功能： （1）录入每个学生的考试成绩。 （2）按成绩由高到低进行排序。 （3）输入一个学生成绩，在成绩表中查询，查到则显示其序号；查不到，显示查无此人		
实训 2：按下述要求编写口令检查程序（假如正确口令为 8888）。 （1）若输入口令正确，则提示"欢迎进入"，程序结束。 （2）若输入口令不正确，则提示"错误密码"，同时检查口令是否已输入 3 次，若未输入 3 次，则提示"请再次输入密码："，且允许用户再次输入口令；若已输入 3 次，则提示"你已输入 3 次，不能进入！"程序结束		
实训总结： 老师经常进行成绩处理，能否在实训 1 的基础之上，将功能扩展，使之具有插入、删除、查找和排序等功能，并可选择性地多次操作		

6.11 知 识 扩 展

6.11.1 字符串数组

存放成批字符串通常使用字符型的二维数组。在很多场合下，我们可以把字符型的二维数组当做"字符串型"的一维数组处理。

例如，char names[3][20] ＝{"zhang li", "wang hua", "liu xing"}; 中 **name[0]**表

示"zhang li"。

【**例 6-9**】　编写程序实现下述功能：从键盘依次输入 1 号至 10 号学生的姓名（字符个数不超过 19），然后按字典序进行排序，最后输出结果。

解题思路：可以看做对一维字符串数组的输入、排序和输出，使用本章前面已经介绍过的排序算法。用二维字符数组 names[11][20]存放 10 个姓名，用一维字符数组 min 存放当前最小值，用 min_index 存放这个最小值在 names 数组中的第 1 个下标。该程序实现步骤如下。

（1）使用循环，依次提示并输入 10 个姓名，存入 names，下标 0 的位置不用；

（2）循环变量 i 的初值取 1；

（3）如果 i>=10，循环结束，转到步骤（11）；

（4）用变量 min 保存 names[i]的值，min_index 的初值取 i；

（5）循环变量 j 的初值取 i+1；

（6）如果 j>10，转到步骤（9）；

（7）如果 names[j]<min，用 names[j]的值刷新 min 的值，让 min_index 记下 j 的值；

（8）循环变量 j 加 1，转回到步骤（6）；

（9）交换 names[min_index]和 names[i]的值；

（10）循环变量 i 加 1，转回到步骤（3）；

（11）使用循环，依次输出 names 中的 10 个姓名。结束运行。

```
    /*
源文件名：ch6_9.c
功能：按字典序排序学生姓名
*/
#include <stdio.h>
#include <string.h>    //为了使用函数 strcpy、strcmp,要把头文件 string.h 加进来
void main()
{
char names[11][20];
char min[20];
int i,j,min_index;
//输入学生姓名
for (i=1;i<=10;i ++)
{
    printf("请输入%d 号学生的姓名：",i);
    gets(names[i]);
}
for(i=1;i<10;i++)
{
    strcpy(min,names[i]);
      // strcpy(min,names[i])把 names[i]的值复制到 min
    min_index=i;
    for(j=i+1;j<=10;j++)
    {
        if(strcmp(min,names[j])> 0)
/* 当 min 大于、等于、小于 names[j]时,
  strcmp(min,names[j])分别大于、等于、小于 0 */
        {
```

```
            strcpy(min,names[j]);
            min_index=j;
        }
    }
    strcpy(names[min_index],names[i]);
    strcpy(names[i],min);
}
printf( "排序结果: \n");
for(i=1;i<=10;i++)
    puts(names[i]);
puts("\n");
}
```

程序运行结果如图 6-21 所示。

图 6-21　　[例 6-9] 的运行结果

6.11.2　字符串查找

【例 6-10】　编写程序实现下述功能：查找一个字符串在另一个字符串中出现的次数。

例如，原字符串为"abc abd std ab ad abf"，当模式串为"ab"时，输出为 4，当模式串为"abc"时，输出匹配数量为 1。

解题思路：变量 i 指向母串，程序从 i 指向的字符开始和子串对应的字符进行比较，如果匹配，j 的值将等于子串的长度。i 不断增加，不断提取字符和子串比较，可以找出所有的子串。

```
/*
    源文件名: ch6_10.c
    功能: 查找子字符串个数
*/
#include <stdio.h>
#include <string.h>
void main()
{
 int i,j;
 int num=0;                    /* 存放匹配的数量 */
```

```
int str1len,str2len;
/* str1len 存放字符串 str1 的长度,str2len 存放字符串 str2 的长度 */
char str1[80];
char str2[10];
printf("请输入一个字符串 : ");
gets(str1);
printf("请输入模式串: ");
gets(str2);
str1len=strlen(str1);
str2len=strlen(str2);
for(i=0;i<str1len-str2len+1;i++)
  {
   for(j=0;j<str2len&&str1[i+j]==str2[j];j++);
   /* 判断字符是否相同 */
    if(j==str2len)
   num++;
  }
printf("匹配的数量: %d\n",num);
}
```

程序运行结果如图 6-22 所示。

图 6-22　［例 6-10］的运行结果

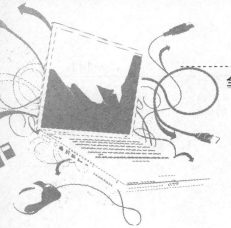

第7章

函　　数

【知识目标】

函数的定义与用法。

函数调用及参数传递方式。

变量的作用域和存储类型。

函数的嵌套调用和递归调用。

【技能目标】

学会使用多种参数传递方式进行函数调用。

掌握变量和函数的作用域。

了解各变量的类型及相应的性质和用法。

7.1 任 务 导 入

❖【任务描述】

某商场为了客户能够更加方便地进行消费，采用以下结账方式：使用现金和使用银联卡。同时，使用现金或银联卡的客户又分为会员客户和普通客户。现已知会员用户付款买单时可享有9折优惠，普通用户不享有打折优惠。试编写C语言源程序，模拟该商场的收银场景。程序运行结果如图7-1所示。

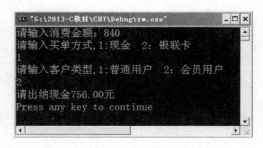

图 7-1　任务运行结果

🎧【提出问题】

（1）什么是函数，函数格式是什么？

（2）如何使用函数实现判断使用现金还是银联卡，判别是普通客户还是会员客户？

（3）函数返回值该如何处理？

（4）如何使用函数调用，如何传参？

7.2　函　数　的　定　义

7.2.1　函数的基本概念

在前几章的学习过程中，我们都是在主函数中编写代码，有些读者可能会有这样的疑问："C 语言程序只有一个函数吗？"当然不是。为了让读者更深入地理解 C 语言程序设计的基本思想，设计更好的 C 语言程序结构，现在我们来探讨 C 语言程序的基本单位——函数。

在日常生活中，我们每天都要做一些事，其中有些事情是不能一次完成的。例如，求如图 7-2 所示图形的面积。因为它不是规则的几何图形，我们必须先分别求半圆的面积 S1、矩形的面积 S2 和等边三角形的面积 S3，最后通过累加 3 个子面积之和而得到整个图形的面积。

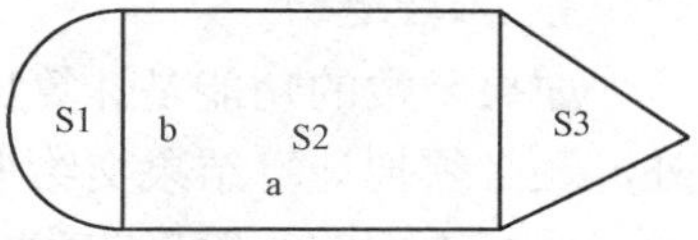

图 7-2　求不规则图形的面积

这种"分而治之"的方法是解决很多复杂问题的好方法。在程序设计语言中我们把这种方法称为"模块划分法"。把整个组合图形（见图 6-1）视为一个"模块"，为了求此模块的面积我们又把它分割成了 3 个"子模块"——S1 模块、S2 模块、S3 模块；分别求出 3 个"子模块"的面积再累加起来，就得到了整个"模块"的面积。所以，模块划分法可以使复杂的问题简单化。从图 6-1 中我们不难看出，半圆的直径和等边三角形的边长分别是矩形的高。所以，这 3 个模块各自独立而又彼此联系。

在 C 语言程序设计中通常将一个较大的程序分解成若干个较小的、功能单一的程序模块来实现，这些完成特定功能的模块称为函数。 函数是组成 C 语言程序的基本单位，一个 C 语言程序是由一个或者多个函数组成的。

C 语言的函数有两种：标准函数和自定义函数。前者由系统提供，如 sin（x）、sqrt（x）等，这类函数只要用户在程序的首部把相应的头文件包括进来即可直接调用；后者是程序员根据需要自己定义的函数。本章主要讨论自定义函数的定义与引用方法。

7.2.2　函数的定义

函数定义就是在程序中编写函数，函数定义必须遵照 C 语言规定的格式。任何函数都由函数首部和函数体组成。根据函数是否需要参数，可将函数分为有参函数和无参函数两种。

1. 有参函数的一般形式

类型标识符　函数名（数据类型　参数 1[，数据类型　　参数 2…]）

```
{
    声明部分;
    语句;
}
```

类型标识符表示函数值的数据类型，不产生函数值的类型标识符是 void。[例 7-1] 中，函数 f 的类型标识符是 float，表示它产生实数类型的函数值。函数值的类型也常被称为函数类型。

形参表中列出函数的全部参数，中间用逗号分隔。每个参数除了参数名外，还要指定数据类型，例如"（int x，int y）"，之所以称为"形参"，是因为它们还没有真实的值。

形参表中的每个参数都有以下双重的作用。

（1）对外，表示一个在调用函数时需要给函数"输入"的数据；

（2）对内，相当于声明了一个变量，在函数体中可以直接使用这个变量。

2. 无参函数的一般形式

类型标识符　函数名()

```
{
     声明部分;
     语句;
}
```

没有参数的函数没有形参表，但一对圆括号不能缺少。

函数体的格式与主函数没有差别，都是写在"{"和"}"之间的一系列声明和执行语句。

3. 函数返回

如果函数的功能是计算出一个函数值，那么在函数体的执行部分，除了要进行实际计算外，还必须把计算结果交给调用者，返回语句就具有这一功能。

返回语句的一般格式为

　　　　return　表达式;

或

　　　　return　（表达式）;

这一语句的功能是结束函数的执行，并且将表达式的值作为函数的值带回给调用者。

【**例 7-1**】 编写程序实现下述功能：输入两个非 0 整数 a 和 b，然后求得 a^b 和 b^a 并输出结果。

```c
/*
   源文件名：ch7-1.c
   功能：方幂函数
*/
#include <stdio.h>
float f(int x,int y)
{
     int i;
     float r;
     r = 1;
     if(y<0)                     //指数为负整数
     {
          for(i=1;i<=-y;i++)
                   r=r*x;
          r=1/r;
     }
     else                        //指数为正整数
     {
          for(i=1;i<=y;i++)
                   r=r*x;
     }
     return r;
```

```
    }
void main()
{
    int a,b;
    float c;
    printf( "输入两个非 0 整数: ");
    scanf("%d,%d",&a,&b);
    c=f(a,b);
    printf("%d 的%d 次方是%f\n",a,b,c);
    c=f(b,a);
    printf("%d 的%d 次方是%f\n",b,a,c);
    }
```

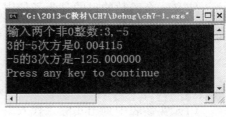

图 7-3　　［例 7-1］运行结果

程序运行结果如图 7-3 所示。

程序说明：

（1）函数 f 的函数体包含着计算 x^y 的程序，函数首部的 f（int x，int y）从形式到含义都与数学中的函数 f（x，y）相似，f 是函数名，括号中的 x 和 y 在数学中称为自变量，在函数首部中称为参数。在数学中，用具体的值代入自变量，就确定了函数值，在程序中，用具体的值 a、b 或 b、a "代入" 参数，就能算出函数值。与数学稍有不同的是，参数和函数值都要指明类型。

（2）程序的执行过程如图 7-4 所示，其中左边是主函数 main()的执行部分，右边是函数 f 的执行部分。

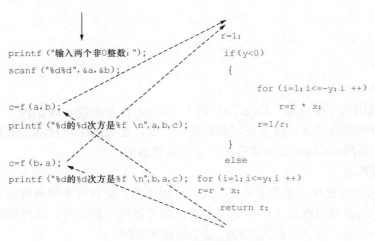

图 7-4　调用函数执行过程

（3）无论主函数 main()的前后有没有其他函数，程序总是从主函数的开头执行到主函数的末尾。在执行过程中，遇到 "c=f（a，b）;" 中的函数符号 f 时，会发生一个称为 "函数调用" 的三步曲。

1）"对号入座"，依次把 a、b 的值赋给函数的变量 x、y；

2）依次执行函数 f 中的语句；

3）返回到主函数继续执行，并且带回 r 的值作为 f（a，b）的值。

（4）在遇到 "c=f（b，a）;" 中的函数符号 f 时，函数调用再次发生，但这次的 "对号入座"次序变了，带回的值也相应变了。

7.3　函　数　调　用

定义一个函数的目的是为了使用，因此要在程序中调用该函数才能执行它的功能。

7.3.1　函数的调用

函数调用的一般形式为

函数名（实参表）

说明：

（1）实参表中列出实际"代入"的参数，参数的个数、次序应当与形参表所列的一致，中间用逗号分隔。每个实参都是一个表达式，表达式的类型必须与对应形参的类型兼容。

（2）如果参数个数为 0，实参表是空的，但一对括号仍然应保留。

（3）函数调用作为表达式，可以出现在程序中任何允许出现表达式的场合。

例如：

```
c=f(a,b);
printf("%d 的%d 次方是%f\n",a,b,c);
```

或者把两句合并成一句：

```
printf("%d 的%d 次方是%f\n",a,b,f(a,b));
```

又如

```
c=2*f(a,b);
```

再如

```
c=max(f(a,b),f(b,a));
```

这里的 max 是调用另一个函数，f（a，b）和 f（b，a）作为函数 max 的两个实参。

（4）被调用的函数必须已经存在，要么是库函数，要么是用户自定义函数。使用库函数时，需在文件开头用#include 命令将有关头文件包含进来。

7.3.2　函数声明

在［例 7-1］的程序中，函数 f 是先定义，后调用的。函数定义和调用的先后次序也可以反过来，调用 f 的函数出现在 f 函数定义之前，即先调用，后定义。这样做的好处是使整个源程序呈现主干在前，枝节在后的结构，便于阅读和理解。

如果函数 a 调用函数 b，并且函数 b 的定义出现在函数 a 之后，那么，在函数 a 首次调用 b 之前，必须先对函数 b 有一个简单的交代，这就是函数声明（又称为函数原型）。

函数声明的一般形式为

类型标识符　函数名（形参表）；

说明：

函数声明与函数定义中的函数首部相比，有以下几点异同。

（1）两者的函数名、函数类型完全相同。

（2）两者中形参的数量、次序、类型完全一致。

（3）函数声明中的形参名字没有任何作用，可以与函数定义中的形参名字相同，也可以不同，甚至可以完全省略。

例如，函数 f 的声明可以简化到 `float f（int，int）;`。

（4）函数声明以分号结束，而函数定义首部不能有分号。

如果函数 a 调用函数 b，b 的函数声明可以写在函数 a 的声明部分，只对函数 a 中的调用有效。也可以写在函数 a 的定义之外，则使位于声明之后的所有函数，都能调用函数 b。

第一种写法如下。

```
void a()
{
    void b();                    //函数声明
    …
}
void b()
{
    …
}
```

第二种写法如下。

```
void b();                        //函数声明
void a()
{
    …
}
void b()
{
    …
}
```

【例 7-2】　从键盘输入两个整数，然后输出其中较大的一个。要求定义并使用求两数中较大者的函数 int max（int x，int y），输入与输出由主函数完成。

```
/*
源文件名：ch7-2.c
功能：用自定义函数求两个整数中较大者
*/
#include <stdio.h>
int max(int x,int y);            //声明 max 函数
void main()
{
int a,b,c;
    printf( "请输入两个整数: ");
scanf("%d%d",&a,&b);
c=max(a,b);                      //调用 max 函数
    printf("两数中的大者是: %d\n",c);
}
int max(int x,int y)             //定义 max 函数
{
int z;
if(x>y)
```

```
    z=x;
else
    z=y;
return z;                                    //返回 z 值
}
```

程序运行结果如图 7-5 所示。

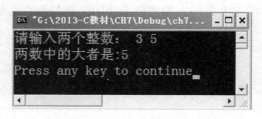

图 7-5　〔例 7-2〕的运行结果

7.4　函数的参数传递

调用有参函数时，主调函数与被调函数之间有数据传递关系。主调函数向被调函数传递数据主要是通过函数的参数进行的，而被调函数向主调函数传递数据一般是利用 return 语句实现的。

函数调用时，主调函数的参数称为"实参"，被调函数的参数称为"形参"。

7.4.1　常量、变量、数组元素作为函数参数

函数的参数表是函数与调用者之间传递数据的通道，参数表中的每一个形参，都是函数内部的一个变量。例如，函数 f 的函数首部是 float f（int x，int y），那么 x 和 y 在 f 的函数体内就是两个变量。用语句 c＝f（a，b）调用函数 f 时，a、b 是对应 x、y 的实参。实参的值首先被自动地赋给对应的形参，然后才开始执行函数体中的语句。我们不妨把这一传递过程，想象为执行一句赋值语句，等号的左边是形参，右边是实参。

参数传递还有两点特性与赋值语句一致。

（1）实参可以是复杂的表达式，只要表达式的类型符合形参所要求的类型，它的值就被求出来，赋给形参。

（2）传递是单向的，实参的值决定了形参的初值，而以后形参值在函数的执行部分发生任何改变，都不会影响实参。

这种"赋值"方式的参数传递，称为"值传递"。值传递的特点是单向传递，即只能把实参的内容传递给形参，形参的变化不能影响实参。

【例 7-3】　函数参数值单向传递示例。

解题思路：在主函数中调用函数 s，将 n 传递给函数 s 中的 n，函数 s 中的 n 不断变化，当函数返回时，主函数中的变量 n 没有变化。

```
/*源程序名：CH7_3.C
  功    能：形参不能影响实参示例 */
#include <stdio.h>
void s(int n);                    //函数声明
```

```
void main( )
{
int n;
printf("input number: ");     /* 提示输入一个正整数 */
scanf("%d",&n);
s(n);                         /* 调用函数 s,并将实参 n 的值传递给 s 函数中的形参 n */
printf("main 中 n= %d\n",n); /* 输出 n 的值,此时 n 的值不变 */
}
void s(int n)                 /* 定义函数 s */
{
int i;
for(i=n-1;i>=1;i--)           /* 求出 1+2+…+n 的值 */
   n=n+i;
printf("s 中 n=%d\n",n);     /* 此时 n 的值为 1+2+3+…+n */
}
```

程序运行结果如图 7-6 所示。

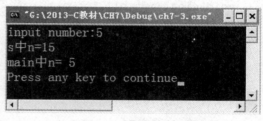

图 7-6　[例 7-3]的运行结果

7.4.2　数组名作为函数参数

在用数组名作函数参数时,不是进行值的传送,即不是把实参数组的每一个元素的值都赋予形参数组的各个元素。因为实际上形参数组并不存在,编译系统不为形参数组分配内存。数组名就是数组的首地址,因此在数组名作函数参数时所进行的传送只是地址的传送。实际上形参数组和实参数组为同一数组,共同拥有一段内存空间。换句话说,数组名作为形参与实参其实是同一个数组,只不过在函数内部暂时改用另一个名字罢了。既然是同一个数组,在函数调用时,就不需要从实参向形参赋值,如果在函数执行过程中,改变了形参的值,那么函数返回后,实参的值当然有同样的改变。图 7-7 说明了这种情形。

图 7-7 中设 a 为实参数组,类型为整型。a 占有以 2000H 为首地址的一块内存区;sco 为形参数组名。当发生函数调用时,进行地址传送,把实参数组 a 的首地址传送给形参数组名 sco,

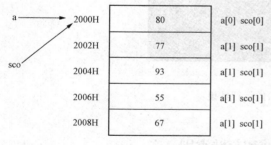

图 7-7　数组名作为参数传递的示意图

于是 sco 也取得该地址 2000H。即 a、sco 两数组共同占有以 2000H 为首地址的一段连续内存单元。

下面的例子可以帮助理解两种参数传递方式。

【例 7-4】　两种参数传递方式示例。

```
/*
源程序名: ch7_4.c
功能: 比较两种参数传递方式
*/
#include <stdio.h>
void clear(int b[],int n);      //把数组 b 下标从 0 到 n 的元素值置为 0
void main()
```

```
{
int i,j;
int a[10]={1,2,3,4,5,6,7,8,9,10};
printf("初始内容: \n");
for(i=0;i<10;i++)
  printf("%d ",a[i]);
printf("\n");
j=3;
    printf("j 的值是%d,把下标从 0 到%d 的元素值变为 0: \n",j,j);
clear(a,j);                    //数组 a 作为实参,对应形参 b,j 对应形参 n
for(i=0;i<10;i++)
    printf("%d ",a[i]);
printf("\n");
printf("现在 j 的值是%d\n",j);
                               //j 的值并未随函数 clear 中的 n 一起改变

}
void clear(int b[],int n)
{
while(n>=0)
{
 b[n]=0;
    n--;
}
}
```

程序运行结果如图 7-8 所示。

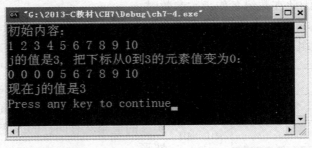

图 7-8　[例 7-4] 的运行结果

7.5　变量的作用域和存储类别

变量的有效范围称为变量的作用域,所有变量都有自己的作用域。

7.5.1　变量的作用域

变量作用域是指程序中声明的变量在程序的哪些部分是可用的。从变量作用域的角度,变量分为局部变量和全局变量两种。

在 C 语言中,变量定义在程序的不同位置有不同的作用域。

1. 局部变量

在函数或复合语句内部定义的变量。该变量只在本函数或复合语句内部范围内有效。局部变量有助实现信息隐蔽,即使不同函数中使用了同名变量,也互不影响,因为它们占据不同内存单元,局部变量增加了程序的灵活性和可移植性。形参也是局部变量。

2. 全局变量

在函数体外定义的变量。全局变量的作用域是从它的定义行到整个程序的结束行。全局变量虽然增加了函数之间传递数据的途径，但在它的作用域内，任何函数都能引用。对全局变量的修改，会影响到其他引用该全局变量的所有函数，降低了程序的可靠性、可读性和通用性，不利模块化程序设计，故建议不宜大量采用。

注意：如果局部变量的作用域与同名全局变量的作用域重叠，那么，在重叠的范围内，那个全局变量无效。

【例 7-5】 分析以下程序，理解变量的作用域。

```
/*
源程序名：CH7_5.c
功    能：理解变量的作用域
*/
#include <stdio.h>
int st=0;                        /* 定义全局变量 st */
void main()
{
  int a=1,b=2,re ;               /*此 a,b,re 在整个函数内有效 */
  re=a+b;
  {
     int a=3,b=4;                /*a、b 在该复合语句内有效 */
  st+=re+a*b;
  /* 第 1 个语句中同名变量 a、b 被屏蔽,第 2 个语句中 a,b 生效 */
  printf("\n a=%d,b=%d,st=%d",a,b,st);
  /* 输出第 2 个语句中 a,b 的值 */
   }                             /* 复合语句结束 */
  st=st+2;
  printf("\n a=%d,b=%d,st=%d\n ",a,b,st);
  /* a、b 恢复第 1 个语句中的值 */
}
```

程序运行结果如图 7-9 所示。

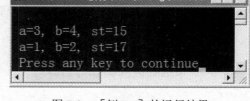

7.5.2　变量的存储类别

从变量的生存期来分，变量分为静态存储方式和动态存储方式。

图 7-9 　［例 7-5］的运行结果

C 语言把用户的存储空间分成 3 部分：程序区、静态存储区、动态存储区，如图 7-10 所示。C 语言把不同的性质的变量存放在不同的存储区里。

在 C 语言中，每个变量有两个属性：类型和存储类别。

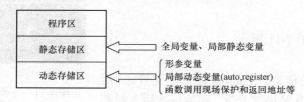

图 7-10　变量存储类别

变量的存储类别是指变量存放的位置。局部变量可以存放于内存的动态区、静态区和 CPU 的寄存器里，在程序里，变量的存储类型说明有以下 4 种。

（1）自动变量（auto）。

（2）静态变量（static）。

（3）寄存器变量（register）。

（4）外部变量 extern。

局部变量分为动态和静态两种，本书中出现过的局部变量都是动态局部变量（auto），动态局部变量当进入它的函数或复合语句时才分配存储空间，一旦离开它所在的函数或复合语句则立即释放所占的存储空间。在复合语句中定义的变量也是动态局部变量（auto），其作用域仅仅是所在的复合语句。

如果在声明局部变量时加上"static"，就声明了静态局部变量。静态局部变量有以下特点。

（1）静态变量在源程序运行期间，从开始到结束的整个过程一直占用固定存储空间。

（2）如果为局部变量指定初值，那么，对于静态局部变量，这个初值只在开始时一次赋给变量，而对于动态局部变量，这个初值在每次执行函数时都要赋给。

（3）函数执行结束时，动态局部变量的值随着空间的释放而失去意义，而全局变量和静态局部变量的值能够一直保持到再次赋值或程序运行结束。

下面通过实例对静态局部变量加以说明。

【例 7-6】　分析以下程序的运行结果，理解静态变量的作用。

```c
/*
源程序名：ch7_6.c
功    能：静态变量的作用
  */
#include <stdio.h>
int f(int);                //函数声明
void main()
{ int a=2,i;
  for(i=0;i<3;i++)
      printf("%4d\n",f(a));
}
int f(int a)
{ int b=0;
   static int c=3;         //C 为静态局部变量
      b++;                 //b 为自动局部变量,省略 auto
      c++;
   return(a+b+c);
}
```

程序运行结果如图 7-11 所示。

解题思路：

函数 f 的形参 a 的值来自 main 中的局部变量 a，后者的值一直保持为 2；b 是局部变量，函数每次进入时都

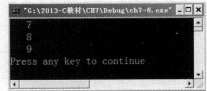

图 7-11　［例 7-6］的运行结果

被初始化为 0；c 是静态局部变量，调用时发生的变化会保持到下一次调用。有关变量值的变

化状况如表 7-1 所示。

表 7-1 static 变量与 auto 变量比较

调用次序	进入时 b 的值	返回时 b 的值	进入时 c 的值	返回时 c 的值
1	0	1	3	4
2	0	1	4	5
3	0	1	5	6

7.6 任 务 实 施

通过对 7.2～7.5 节的学习，我们掌握了函数间的参数传递、函数调用和变量作用域等内容。现在完成 7.1 节的任务，我们可以使用函数调用来完成其相关任务。

7.6.1 任务分析

思路：

（1）使用专门的函数完成打折功能。

（2）两个被调用函数均传递两个参数，price 表示总得消费金额，type 表示客户类型。

7.6.2 程序代码

```c
#include <stdio.h>
float cashproc(float price,int type)//付款方式为现金
{
if(type==1)
    return price;
return price*0.9;
}

float cardproc(float price,int type)//付款方式为银联卡
{
if(type==1)
    return price;
return price*0.9;
}

void main()//主函数
{
int manner,type;
float sum;
printf("请输入消费金额：");
scanf("%f",&sum);
printf("请输入买单方式,1：现金  2：银联卡\n");
scanf("%d",&manner);
printf("请输入客户类型,1：普通用户  2：会员用户\n");
scanf("%d",&type);
switch(manner)
{
case 1:
    printf("请出纳现金%.2f 元\n",cashproc(sum,type));
```

```
    break;
case 2:
    printf("请出纳现金%.2f元\n",cardproc(sum,type));
    break;
default:
    printf("输入错误\n");
    break;
    }
}
```

7.7 本 章 小 结

7.7.1　知识点

本章的知识结构如表 7-2 所示。

表 7-2　　　　　　　　　　　　　　　　本章知识结构

函数定义	有参函数
	类型标识符　函数名（数据类型　参数 1[, 数据类型　参数 2…]）
	{
	声明部分；
	语句；
	}

	无参函数
	类型标识符　函数名()
	{
	声明部分；
	语句；
	}

函数调用	函数名（实参表）
函数声明	类型标识符　函数名（形参表）
函数的参数传递	值传递 常量、变量、数组元素
	地址传递 数组名作为函数参数
函数返回	return　表达式；
变量的作用域	全局变量：在所有函数之外定义的变量
	局部变量：在函数或复合语句内部定义的变量
静态变量	在离开函数时，静态局部变量的值仍保留，但不能被访问

7.7.2　常见错误

（1）按照定义多个变量的方式定义函数参数列表。C 语言规定，如果函数带有多个形参，形参之间用 "," 分隔，但每个形参名前面都要有形参类型符。例如：

```
float f(int x,y)
    {
    …
    }
```

（2）定义函数时()后面多一个分号。下面定义的函数中，()后面多了一个分号，因而有句法错。例如：

```
void sayhello();
{
 printf("hello");
}
```

（3）在函数内部定义另一个函数。

```
int getdata()
{
    int a;
    void showerr()              //定义函数
    {
        printf("error input!");
    }
        scanf("%d",&a);
        if(a>0)
          return a;
        else
        {
        showerr();
        return -1;
        }
}
```

（4）函数调用与函数定义不一致。

（5）调用函数时，在实参前面多了类型标识符。调用函数时，函数名后面的()内部只需给出实参表达式列表即可，实参前面不能有数据类型符。下面的函数调用是错误的。

```
int getmax(int x,int y)
{
  return x>y?x: y;
}
void main()
{
  int a;
  scanf("%d",&a);
  a=getmax(3,int a);            //应改为 a=getmax(3,a);
}
```

7.8 课 后 练 习

一、选择题

1. 以下说法中正确的是_____。

    A．C 语言程序总是从第一个的函数开始执行

    B．在 C 语言程序中，要调用的函数必须在 main()函数中定义

    C．C 语言程序总是从 main()函数开始执行

D．C 语言程序中的 main()函数必须放在程序的开始部分

2．一个函数返回值的类型是由_____决定的。

A．return 语句中表达式的类型 　　B．在调用函数时临时指定

C．定义函数时指定的函数类型 　　D．调用该函数的主调函数的类型

3．C 语言规定，简单变量作实参时，它和对应形参之间的数据传递方式_____。

A．地址传递 　　B．单向值传递

C．由实参传给形参，再由形参传回给实参 　D．由用户指定

4．当调用函数时，实参是一个数组名，则向函数传送的是_____。

A．数组的长度 　　B．数组的首地址

C．数组每一个元素的地址 　　D．数组每个元素中的值

5．以下正确的函数声明形式是_____。

A．double fun（int x，int y） 　　B．double fun（int x；int y）

C．double fun（int x，int y）; 　　D．double fun（int x，y）;

6．如果在一个函数的复合语句中定义了一个变量，则该变量_____。

A．只在该复合语句中有效 　　B．在该函数中有效

C．在本程序范围内均有效 　　D．为非法变量

7．凡是函数中未指定存储类别的局部变量，其隐含的存储类别为_____。

A．自动（auto） 　　B．静态（static）

C．外部（extern） 　　D．寄存器（register）

8．要求定义一个返回值为 double 类型的名为 sum 的函数，其功能为求两个 double 类型数的和。正确的定义形式为_____。

A．sum (double x, y)
```
 { return x+y;
    }
```

B．sum (double x, double y)
```
 { return x+y;
    }
```

C．double sum (double x, double y)
```
 { return x+y;
    }
```

D．double sum (double x, double y)
```
 { return x+y;
      }
```

二、填空题

1．有以下程序，程序运行后的输出结果是_____。

```
float fun(int x,int y)
{
 return(x+y);
}
void main()
{ int a=2,b=5,c=8;
 printf("%3.0f\n",fun((int)fun(a+c,b),a-c));
```

```
}
```

2. 有以下程序，执行后输出的结果是_____。

```
void f(int x,int y)
{ int t;
  if(x<y)
     { t=x;x=y;y=t;}
}
void main()
{ int a=4,b=3,c=5;
  f(a,b);f(a,c);f(b,c);
  printf("%d,%d,%d\n",a,b,c);
}
```

3. 下面程序的输出是_____。

```
fun3(int x)
{
 static int a=3;
 a+=x;
 return(a);
}
void main()
{
 int k=2,m=1,n;
 n=fun3(k);
 n=fun3(m);
 printf("%d\n",n);
}
```

4. 程序运行后的输出结果是_____。

```
void reverse(int a[ ],int n)
{
 int i,t;
 for(i=0;i<n/2;i++)
  { t=a[i];a[i]=a[n-1-i];a[n-1-i]=t;}
}
void main()
{
 int b[10]={1,2,3,4,5,6,7,8,9,10};int i,s=0;
 reverse(b,8);
 for(i=6;i<10;i++)
  s+=b[i];
printf("%d\n",s);
}
```

5. 以下程序输出结果是_____。

```
#include "stdio.h"
int abc(int u,int v);
void main()
{
```

```
    int a=24,b=16,c;
    c=abc(a,b);
    printf("%d\n",c);
}
int abc(int u,int v)
{
    int  w;
    while(v)
     {
        w=u%v; u=v; v=w;
}
     return u;
}
```

6. 下面程序的输出是_____。

```
void fun(int  x,int  y,int  z)
{  z=x*x+y*y; }
void main()
{
    int  a=31;
    fun(5,2,a);
    printf("%d",a);
}
```

三、编写程序

1. 编写程序实现下述功能：从键盘输入 4 个实数，然后输出其中最大的一个。要求定义并使用求两数中较大者的函数 float max（float x，float y），输入与输出由主函数完成。

2. 编写程序实现下述功能：从键盘输入一个字符，若是数字，显示"yes"，否则显示"no"。要求定义函数 isdigit（char ch），其功能是检查 ch 是否数字字符，是则返回 1，否则返回 0。主函数完成键盘输入和屏幕输出。

3. 编写程序实现下述功能：先从键盘指定个数，再按此个数输入字符，然后输出它们中的最小者。要求定义并使用求数组前 n 个元素中最小值的函数 char min_cn（char b[ ]，int n），输入/输出由主函数完成。

7.9 综 合 实 训

【实训目的】

（1）掌握函数定义、调用与声明的方法。

（2）掌握形参与实参正确结合的机制。

【实训内容】

实训步骤及内容	题 目 解 答	完成情况
准备阶段： （1）复习数组，选择、循环结构程序设计。 （2）复习函数的定义、调用、声明，以及参数的两种传递方式		

续表

实训步骤及内容	题　目　解　答	完成情况
实训内容： 1. 在函数中进行 10 个学生成绩从高到低排名　void sort（ int a[10]）		
2. 改进第 1 题的函数为 sort（int a[]，int n），进行 n 个学生成绩从高到低排名		
3. 改进第 2 题的函数为 sort（int a[]，int n，char style），将 n 个学生成绩从高到低排名，排名方式根据 sort()函数的 style 参数进行，如 style 为'a'按升序排，style 为'd'按降序排。（a: ascending 升，d: descending 降）		
4. 通过计算机随机产生 10 道四则运算题，两个操作数为 1~10 之间的随机数，运算类型为随机产生的加、减、乘、整除中任意一种，如果输入答案正确，则显示"正确"，否则显示"错误"，不给机会重做，10 道题做完后，按每道 10 分统计总得分，然后输出总分和做错题数。 要求编写主函数和两个函数： （1）主函数中随机产生 10 道计算题。 （2）计算函数：对两整型数进行加、减、乘、除四则运算，如果用户输入的答案与结果相同，则返回 1，否则返回 0。 （3）输出函数：输出结果正确与否的信息		
实训总结： （1）数组名做函数参数和数组元素做函数参数有何不同？ （2）值传递和地址传递有何不同？试举例说明		

7.10　知　识　扩　展

7.10.1　函数嵌套调用

C 语言中不允许作嵌套的函数定义，因此各函数之间是平行的。但是 C 语言允许在一个函数的函数体中出现对另一个函数的调用。这样就出现了函数的嵌套调用。调用函数的特点如下。

（1）无论函数在何处被调用，调用结束后，其流程总是返回到调用该函数的地方。

（2）C 语言支持多层函数调用。

【例 7-7】　编写程序实现下述功能：计算 $(1!)^2+(2!)^2+(3!)^2+(4!)^2+(5!)^2$ 的值。

```
/*
源程序名：CH7-7.C
  功　　能：函数嵌套调用
*/
#include <stdio.h>
long f1(int p);
long f2(int);                        /*函数声明*/

void main()
{
 int i;
 long s=0;
 for (i=1;i<=5;i++)
   s=s+f1(i);                        //循环调用 f1 函数
```

```
    printf("\ns=%ld\n",s);
}

long f1(int p)                    /*计算平方的函数*/
{
 long r;
 r=f2(p);                         /* 计算 p 的阶乘 */
 return r*r;                      /* 返回阶乘的平方 */
}
long f2(int q)                    /* 计算阶乘的函数 */
{
 long c=1;
 int i;
 for(i=1;i<=q;i++)
    c=c*i;
 return c;
}
```

图 7-12 ［例 7-7］的运行结果

程序运行结果如图 7-12 所示。

说明：

1. ［例 7-7］中编写了两个函数，一个是用来计算平方值的函数 f1，另一个是用来计算阶乘值的函数 f2。

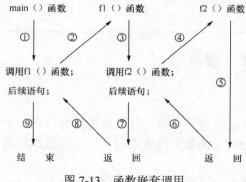

图 7-13 函数嵌套调用

2. 主函数先调 f1，在 f1 中再调用 f2 计算其阶乘值，然后返回 f1，由 f1 返回平方值，在循环程序中计算累加和，这就算是函数的嵌套调用。其关系可如图 7-13 所示。

7.10.2 函数递归调用

函数的递归调用是指：一个函数在它的函数体内，直接或间接地调用该函数本身，能够递归调用的函数是一种递归函数。递归调用是函数嵌套调用的特例。具体说明如下。

（1）编写递归函数有两个要点：确定递归公式和根据公式确定递归函数的出口。

（2）每个递归函数应确定函数的出口，即结束递归调用的条件。

【例 7-8】 用递归算法计算 $n!$ 的值。

分析：用递归法计算 $n!$ 可用下述公式表示。

$$n!=\begin{cases}1 & n=0,1 \\ n\times(n-1)! & n>1\end{cases}$$

即当 $n>1$ 时，n 的阶乘等于 n 乘以 $n-1$ 的阶乘，可以使用函数的调用完成此运算；函数收敛的条件是当 n 等于 0 或 1 时，n 的阶乘是 1。

```
/*
  源程序名：CH7-8.C
  功    能：函数递归调用
*/
```

```
#include <stdio.h>
long fact(int n);
void main( )
{
  int num;
   long y;
   printf("\n输入一个整数：");
   scanf("%d",& num);
   y=fact(num);                       /* 调用 fact 函数计算阶乘 */
   printf("%d!=%ld\n",num,y);
  }
long fact(int n)                      /* 计算阶乘的函数 */
{
 long f;
if(n<0)
  printf("n<0,输入错误");             /* 如果 n<0,输出错误提示 */
else if(n==0||n==1)
  f=1;                                /* 如果 n==0 或 n==1,f=1 */
else
  f=fact(n-1)*n;                      /* 否则递归调用 */
return(f);
}
```

程序运行结果如图 7-14 所示。

说明：

（1）[例 7-8] 完成了函数的递归调用。当

图 7-14　[例 7-8] 的运行结果

输入 5 时，main 函数第 1 次调用 fact（int n），调用后，进入 fact（ ）函数的函数体中，这时通过参数传递使得 fact（ ）中的 n=5，计算 fact（5）的值，而 fact（5）相当于 5*fact（4），fact（4）又相当于 4*fact（3）……这样一直调用下去，直到计算 fact（1）的值。此时 n=1，终止条件成立，函数返回上一层，并带回函数值 1，将结果往上层层返回，最终求得 fact（5）=120。将函数结果返回给主函数的变量 y，因此 y 的值为 120。图 7-12 示意了 5 次调用和返回的情况。

（2）递归调用时必须有一个明确的结束条件，然后不断地改变传入的数据，才可以实现递归调用。对于 [例 7-8] 来说，n=1 即本递归的出口条件。其递归调用过程如图 7-15 所示。

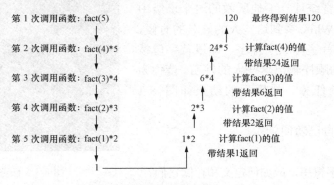

图 7-15　递归函数 fact(n)的执行过程

第8章

指　　针

【知识目标】

地址的概念及数组、字符串的存储格式

指针的定义及使用

指针变量作为函数参数

通过指针引用数组参数

字符串指针及指向字符串的变量

【技能目标】

分清按值传递和按地址传递概念

学会使用变量指针、数组指针及字符串指针

8.1　任务导入

【任务描述】

某省的一所外国语大学聘用外教。采用小班教学模式，学生人数 10 人。新学期刚开始，Mr.White 担任一个班级的英语教学。由于他对中文不太熟悉，只能识别简单的汉语拼音，现在为了认识这些新同学，他不得不用拼音统计一下他所教的这个班级中每人的名字。当 Mr.White 拿到这些人的姓名的时候，他想按汉语拼音的首字母顺序排序，即以首字母按照 26 个英文字母的顺序输出这些人的姓名。请你为 Mr.White 完成这个任务。排序后的结果如图 8-1 所示。

说明：姓名由自己随便录入。

【提出问题】

（1）姓名均为字符串，应如何定义和存储它们？

（2）对字符串如何处理，采用指针变量还是指针数组？

图 8-1　任务运行结果

8.2　地　址　的　概　念

在计算机中，所有数据都是存放在存储器中的。一般把存储器中的 1 字节称为 1 个内存单元。不同的数据类型所占用的内存单元数不等，如整型变量占 4 个单元，字符型变量占 1 个单元等。为了正确地访问这些内存单元，必须为每个内存单元编上号。根据一个内存单元的编号即可准确地找到该内存单元。内存单元的编号也叫地址，通常把这个地址称为指针。

内存单元的指针和内存单元的内容是两个不同的概念，可以用一个通俗的例子来说明它们之间的关系。我们到银行去存取款时，银行工作人员将根据我们的账号去找我们的存款单，找到之后在存款单上写入存款、取款的金额。在这里，账号就是存单的指针，存款数是存单的内容。

对于一个变量来说，内存单元的地址即为变量指针，内存单元的内容是变量的值。变量的地址可用"&变量名"表示。

变量名就是给变量取的名字，变量地址就是系统给变量分配的内存单元的起始地址编号，变量内容就是对应内存单元中存放的数据。下面通过一个例子来说明变量名、变量地址、变量内容。

【例 8-1】　定义 3 个变量，输出 3 个变量的地址。

```
/*
源程序名：ch8-01.c
功能：　输出变量的地址
*/
#include <stdio.h>
void main( )
{
 int a=10;
 float b=20.0;
 int  c=30;
 printf("%p %p %p\n",&a,&b,&c);      /*输出变量 a、b、c 的内存地址*/
}
```

程序执行后，输出结果（注意每次的运行结果可能不同）如图 8-2 所示。

说明：

（1）从运行结果可以知道变量 a、b、c 在内存中的存储情况，如图 8-3 所示。

（2）[例 8-1] 中语句 int a=10;表示定义了一个整型变量，变量名为 a，变量的初始值为 10。定义后，在编译时系统会为整型变量 a 分配一个内存单元。该内存单元的编号是 0012FF7C，就是该内存单元的地址，就是变量 a 的地址。整数 10 就是该内存单元的内容，也就是变量 a 的值。

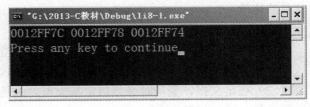

图 8-2　［例 8-1］的运行结果

（3）前面都是通过变量名来访问变量的内容，也就是变量对应的内存单元的值。是否可以定义一种变量来保存内存单元的地址，从而达到访问内存单元的内容呢？

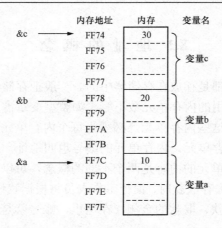

图 8-3　变量的地址

在 C 语言中，可以定义一种变量专门用来保存内存单元的地址，地址称为指针，保存地址的变量就被称为指针变量。

8.3　指 针 变 量

在 C 语言中，有一种特殊的变量，这种变量不是用来存储一般的数据，而是用来存储指向某个内存单元的地址，称为指针变量。如果一个指针变量中存放的是某一个变量的地址，那么指针变量就指向那个变量。

8.3.1　指针变量的定义

指针变量定义的一般形式为

基类型　*指针变量名；

指针变量的基类型用来指定该指针变量可以指向的变量的类型。例如：

```
int  *ptr1,*ptr2;
```

ptr1 和 ptr2 可以用来指向整型变量，但不能指向实型变量，换句话说，只可以存放整型变量的地址。

说明：

（1）指针变量前面的"*"，表示该变量的类型为指针型变量。

注意：指针变量名是 ptr1、ptr2，而不是*ptr1、*ptr2。

（2）在定义指针变量时必须指定基类型。这是因为基类型的指定与指针的移动和指针的运算（加、减）相关。

8.3.2　指针变量的赋值

定义了指针变量之后，如何使它指向另一个变量呢？下面举例说明：

```
int  *ptr1,a=3;
ptr1 =&a ;
```

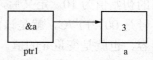

上述赋值语句 ptr1=&a 表示将变量 a 的地址赋给指针变量 ptr1，此时 ptr1 就指向 a。如图 8-4 所示。

图 8-4　指针变量示意图

注 意

（1）当定义指针变量时，指针变量的值是随机的，不能确定它具体的指向，必须为其赋值，才有意义。

（2）指针变量的类型必须与其存放的变量类型一致，即只有整型变量的地址才能放到指向整型变量的指针变量中。

8.3.3 关于指针的运算符

在 C 语言中有两个关于指针的运算符：

& 取地址运算符；

* 指针运算符。

说明：

（1）取地址运算符"&"可以加在变量和数组元素的前面，其意义是取出变量或数组元素的地址。因为指针变量也是变量，所以取地址运算符也可以加在指针变量的前面，其含义是取出指针变量的地址。

（2）指针运算符"*"可以加在指针变量的前面，其意义是"代表"指针变量所指向的内存单元。

【例 8-2】 用取地址运算符"&"取变量地址。

```
/*
源文件名：ch8_2.c
功能：取变量地址
*/
#include <stdio.h>
void  main( )
{
 int a,*pa;                          /* 定义整型变量 a 和指针变量 pa */
 pa=&a;                              /* pa 指向 a*/
 printf("\naddress of a: %p",&a);    /* 输出变量 a 的地址 */
 printf("\npa=%p",pa);               /* 输出变量 pa 的值 */
 printf("\naddress of pa: %p",&pa);  /* 输出指针变量 pa 的地址 */
}
```

程序运行的结果：

```
address of a: ffd0
pa=ffd0
address of pa: ffd2
```

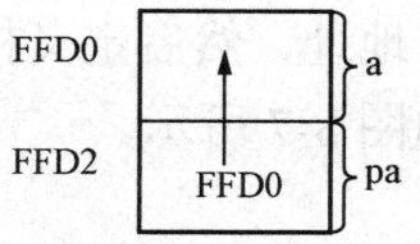

程序运行示意图如图 8-5 所示。

图 8-5 取地址运算符

8.3.4 指针变量的引用

指针变量，提供了一种对变量的间接访问形式。对指针变量的引用格式为

* 指针变量

【例 8-3】 定义指针变量，使用指针运算符"*"进行指针变量的引用。

```
/*
源程序名：ch8_3.c
功能：指针变量的引用
*/
```

```
#include <stdio.h>
void main( )
{
 int a,*pa;                    /* 定义整型变量 a 和指针变量 pa */
 pa=&a;                        /* pa 指向 a */
 *pa=3;                        /* 向 pa 指向的内存中存放数据 3 */
 printf("\na=%d",a);
 a=5;                          /* 将 5 赋给 a */
 printf("\n*pa=%d",*pa);       /* 输出 pa 所指向的内存单元的数据 */
}
```

程序运行结果：

```
a=3
*pa=5
```

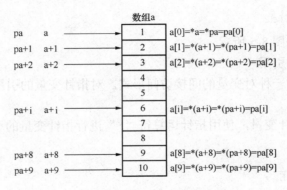

图 8-6　指针变量的引用

从程序运行的结果看指针变量 pa 指向 a 以后，*pa 等价于 a，即对*pa 和 a 的操作效果是相同的，如图 8-6 所示。

8.4　指针与一维数组

数组和指针的关系十分紧密，在一个程序中二者往往相伴而行。

变量在内存存放是有地址的，数组在内存存放也同样具有地址。对数组来说，数组名就是数组在内存存放的首地址。所谓数组的指针是指数组的首地址，数组元素的指针是数组元素的地址。

本书只介绍指针与一维数组的关系和使用方法。

8.4.1　通过指针引用一维数组的元素

假设我们定义一个一维数组，该数组在内存中具有一段连续的存储空间，其数组名就是数组在内存的首地址。若再定义一个指针变量，并将数组的首地址传给指针变量，则该指针就指向了这个一维数组。例如：

```
int a[10]={1,2,3,4,5,6,7,8,9,10};
int *pa=a;
```

首先定义了整型数组 a，系统会给数组 a 分配连续的 20 字节的空间。数组名代表数组的首地址，然后定义指针变量 pa，将 a 赋给 pa，pa 指向数组元素 a[0]，则一维数组元素的引用如图 8-7 所示。

		数组a	
pa　　a	→	1	a[0]=*a=*pa=pa[0]
pa+1　a+1	→	2	a[1]=*(a+1)=*(pa+1)=pa[1]
pa+2　a+2	→	3	a[2]=*(a+2)=*(pa+2)=pa[2]
		4	
		5	
pa+i　a+i	→	6	a[i]=*(a+i)=*(pa+i)=pa[i]
		7	
		8	
pa+8　a+8	→	9	a[8]=*(a+8)=*(pa+8)=pa[8]
pa+9　a+9	→	10	a[9]=*(a+9)=*(pa+9)=pa[9]

图 8-7　一维数组元素的引用

说明：

（1）pa＋i 和 a＋i 均指向元素 a[i]。

（2）*(pa＋i)和*(a+i)是 pa+i 和 a+i 所指向的元素即 a[i]，所以如下表示方式等价，即
a[i]＝*(a＋i)=*(pa＋i)。

（3）指向数组的指针变量，也可以带下标，如 pa[i]＝*(pa+i)＝a[i]＝*(a+i)。

【例 8-4】编写程序输出一维数组中各元素的内存地址及其值。

解题思路：对一维数组的引用，既可以用下标法，也可以使用指针法，即通过数组元素
的指针找到所需的元素。这两种方法既可以通过数组名实现，也可以通过指针实现，共有 4
种等价引用形式。

```
/*
源文件名：ch8_04.c
功能：输出一维数组中各元素的内存地址及其值
*/
#include <stdio.h>
void main()
{
    int a[ ]={ 1,2,3,4,5,6,7,8,9,0 },*p,i;
    p=a;
    for( i=0;i<10;i++ )
printf("\n%0x 单元：%d,%d,%d,%d",p+i,a[i],*(a+i),p[i],
        *(p+i));      /* p+i 表示内存地
址*/
}
```

程序运行结果如图 8-8 所示。

使用指针指向数组，应注意以下问题。

（1）若指针 p 指向数组 a，虽然 p＋i 与 a＋i、
（p＋i）与（a＋i）意义相同，但仍应注意 p 与
a 的区别：a 代表数组的首地址，是不变的；p 是一
个指针变量，是可变的，它可以指向数组中的任何
元素。

图 8-8　[例 8-4] 的运行结果

（2）使用指针时，应特别注意避免指针访问越界。

（3）设指针 p 指向数组 a（p=a），则：

p++（或 p+=1），p 指向下一个元素。

p++，相当于（p++）。因为，*和++同优先级，++是右结合运算符。

（p++）与（++p）的作用不同，*（p++）的作用是先取*p，再使 p 加 1；*（++p）的
作用是先使 p 加 1，再取*p。

（*p）++表示，p 指向的元素值加 1。

（4）如果 p 当前指向数组 a 的第 i 个元素，则：

*（p--）相当于 a[i--]，先取*p，再使 p 减 1。

*（++p）相当于 a[++i]，先使 p 加 1，再取*p。

*（--p）相当于 a[--i]，先使 p 减 1，再取*p。

8.4.2　指针和数组名作为函数参数

数组名结合指针作为函数的实参和形参，共有四种情况。

（1）形参和实参都用数组名。例：

```
 main()                 int f(int x[],int n)
{                       {
int a[10];               ...
 ...                     }
  f(a,10);
 ...
 }
```

程序中的实参 a 和形参 x 都已定义为数组。如第 6 章所述，传递的是 a 数组的首地址。a 和 x 数组共用一段内存单元。也可以说，在调用函数期间，a 和 x 指的是同一个数组。

（2）实参用数组名，形参用指针变量。例：

```
main()                  int f(int *x,int n)
{                       {
  int a[10];              ...
  ...                     }
  f(a,10);
  ...
  }
```

实参 a 为数组名，形参 x 为指向整型变量的指针变量。函数开始执行时，x 指向 a[0]，即 x=&a[0]。通过 x 值的改变，可以指向 a 数组的任一元素。

（3）实参、形参都用指针变量。例：

```
 main()                 int f(int *x,int n)
{                       {
 int a[10],*p;
 p=a;
 ...                      ...
                          }
 f(p,10);
 ...
 }
```

（4）实参为指针变量，形参为数组名。例：

```
 main()                 int f(int x[],int n)
{                       {
 int a[10],*p;
 p=a;
 ...                      ...
                          }
 f(p,10);
 ...
 }
```

【例 8-5】 编写程序实现以下功能：利用指针变量做函数参数，将数组 a 中 n 个元素按相反顺序存放。

解题思路：将数组 a 中的 n 个元素按相反的顺序存放的算法是将第 1 个元素与倒数第 1 个元素互换，第 2 个元素与倒数第 2 个元素互换，……，直到中间两个元素互换。这里使用指针方法实现上述算法。

```
/*
源程序名：ch8_05.c
功能：  利用指针将数组反向顺序存放
*/
#include <stdio.h>
void  inv(int *x,int n);
void main()
{ int i,a[10] = {3,7,9,11,0,6,7,5,4,2};
  printf("原数据为：\n");              //输出原始数据
  for(i=0;i<10;i++)
     printf("%d ",a[i]);
  printf("\n");
  inv(a,10);                          /*调用函数 inv*/
  printf("反向输出数据为：\n");        //输出交换后数据
  for(i=0;i<10;i++)
     printf("%d ",a[i]);
  printf("\n");
}
void  inv(int *x,int n)               /* 形参是指针 */
{
  int *p,t,*i,*j,m=(n-1)/2;
  i=x;                                /* 指针 i 指向数组第一个元素 */
  j=x+n-1;                            /* 指针 j 指向数组最后一个元素 */
  p=x+m;                              /* 指针 p 指向数组中间一个元素 */
  for(;i<=p;i++,j--)
  { t=*i;*i=*j;*j=t;}
  return;
}
```

程序运行结果如图 8-9 所示。

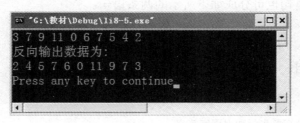

图 8-9　［例 8-5］的运行结果

8.5　指针与字符串

通常，字符数组用于存放和处理字符串，使用数组下标可以访问字符串中的字符，用字符指针也可以处理字符串。

8.5.1　指针和字符串

1. 字符指针变量的定义

字符指针变量定义的一般形式为

```
char *字符指针变量名;
```

例如：

```
char *cp;
```

该语句定义了一个字符指针变量 cp，它既可以处理单个字符，也可以处理字符串。

2. 字符指针变量的使用

在 C 语言中，既可以用字符数组表示字符串，也可用字符指针变量来表示；引用时，既可以逐个字符引用，也可以整体引用。

【例 8-6】 使用字符指针变量表示和引用字符串。

方法 1：逐个引用。

```
/*
    源程序名：ch8_06.c
    功能：使用字符指针变量表示和引用字符串
*/
#include <stdio.h>
void main()
{
    char *string="I love Beijing.";
    for(;*string!='\0';string++)
            printf("%c",*string);
    printf("\n");
}
```

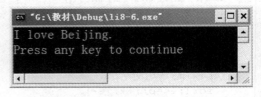

图 8-10　[例 8-6] 的运行结果

程序运行结果如图 8-10 所示。

说明：本例中用 char *string="I love Beijing.";语句定义并初始化字符指针变量 string，用串常量"I love Beijing." 的首地址给 string 赋初值。该语句也可分成如下所示的两条语句：

```
char *string;
string="I love Beijing.";
```

方法 2：整体引用。

```
/*
源程序名：ch8_06_2.c
功能：使用字符指针变量表示和引用字符串
*/
#include <stdio.h>
void main()
{ char *string="I love beijing.";
  printf("%s\n",string);
 }
```

本例中 printf("%s\n",string);语句通过指向字符串的指针变量 string，整体引用它所指向的字符串。

【例 8-7】 编写程序实现下述功能：统计字符串里字符'a'的个数。

解题思路：从第 1 个字符开始，逐个判断是否为字符'a'，若是，则计数器 count 加 1，直到字符串结束，输出字符'a'的个数。

```
/*
源程序名：ch8_07.c
功能：统计字符串里字符'a'的个数
*/
#include <stdio.h>
void main()
{
char *p="wahaha yiyiyaya";
int count;                        //存放字符 a 个数
count=0;
for (;*p!='\0';p++)        //字符串结束标志'\0'
{
if(*p=='a')
    count++;
}
printf("a 字符的个数为%d\n",count);
}
```

程序运行结果如图 8-11 所示。

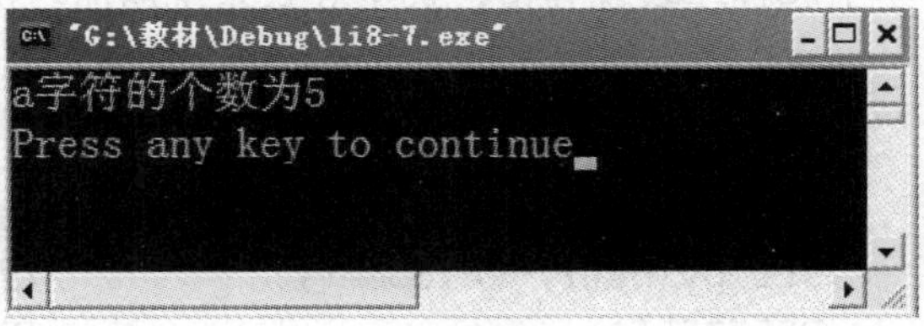

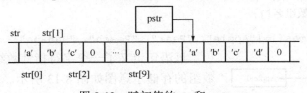

图 8-11　[例 8-7] 的运行结果

3. 字符指针变量与字符串的关系

虽然用字符指针变量和字符数组都能实现字符串的存储和处理，但二者是有区别的，不能混为一谈。

（1）存储内容不同。字符指针变量中存储的是字符串的首地址，而字符数组中存储的是字符串本身（数组的每个元素存放一个字符）。

例如：

```
char str[10]="abc";
char *pstr="abcd";
```

数组 str 和字符指针变量 pstr 的内存映像的差异如图 8-12 所示。

图 8-12　赋初值的 str 和 pstr

（2）赋值方式不同。对字符指针变量，可采用下面的赋值语句赋值：

```
char *pointer;
pointer="This is a example.";
```

而字符数组，虽然可以在定义时初始化，但不能用赋值语句整体赋值。下面的用法是非法的：

```
char char_array[20];
char_array="This is a example.";   /*非法用法*/
```

（3）当字符指针指向字符串时，与包含字符串的字符数组没什么区别。我们可以利用指向字符串的指针完成字符串的操作。例如：

```
char str[10];
char *pstr;
```

```
pstr="abc";                                    //pstr 指向"abc"
strcpy(str,pstr);                              //将 pstr 所指向的字符
                                                 串复制到 str 中
pstr=str;                                      //pstr 指向数组 str
printf("the length of str is %d\n",strlen(pstr));    //输出 pstr 所指向的字
                                                 符串的长度
```

（4）由于字符指针变量本身不是字符数组，如果它不指向一个字符数组或其他有效内存，不能将字符串复制给该指针。

如果一个指针没有指向一个有效内存就引用它，被称为"野指针"操作。野指针操作容易引起程序表现异常，甚至导致系统崩溃。例如：

```
char  *pstr;
char  str[10];
char  ch;
scanf("%s",pstr);                  //野指针操作,pstr 没有指向任何地方
strcpy(pstr,"welcome");            //野指针操作
pstr=str;                          //pstr 指向了 str
strcpy(pstr,"hello");              //实际上将字符串复制到 str 中
strcat(pstr,"1234567890");         //不是野指针操作,但会造成数组越界操作
pstr=&ch;
strcpy(pstr,"123");                //是数组越界操作,因为 pstr 指向的数组只有 1 个单元
pstr=300;
strcpy(pstr,"1234");               //野指针操作,不能随便将一个地址常量赋值给指针
```

8.5.2　字符指针数组

了解了字符串和字符数组的存储情况后，可以进一步了解字符指针数组的概念，即一个数组中的各个元素都是字符指针。

1. 字符指针数组的定义

字符指针数组定义的一般形式为

```
char *字符指针数组名[];
```

例如：char *names[]={"Apple", "Pear", "Peach", "Banana"};

该语句定义了一个字符指针数组 names，该字符指针数组的存储示意图如图 8-13 所示。

2. 字符指针数组的使用

指针数组的所有元素都必须是指向相同数据类型的指针变量，考虑到字符指针的特性，字符指针数组比较常用。使用字符指针数组的最重要原因会使字符串的操作变得更容易。

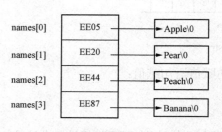

图 8-13　字符指针数组和字符串的关系

【例 8-8】　分析下面程序的运行结果。

解题思路：本例将第 3 种和第 4 种水果交换，采用字符数组 names[]，注意临时变量 temp 应定义为 char *temp。

```
/*
   源程序名：ch8_08.c
   功能：使用字符指针数组
*/
```

```
#include <stdio.h>
void main()
{
        char *names[] = {  "Apple",
                            "Banana",
                          "Pineapple",
                          "Peach",
                           "Strawberry",
                            "Grapes" };
        char *temp;
        printf("\n 交换前第 3 种和第 4 种水果为: ");
        printf("%s %s",names[2],names[3]);
        temp = names[2];
        names[2] = names[3];
        names[3] = temp;
        printf("\n 交换后第 3 种和第 4 种水果为:");
        printf("%s
%s",names[2],names[3]);
        printf("\n");
}
```

图 8-14　[例 8-8]的运行结果

程序运行结果如图 8-14 所示。

8.6　任　务　实　施

通过对 8.2～8.5 节的学习，我们已经很清晰地认识到指针的相关概念，对于指针与数组、指针与字符串都有了大致了解。现在完成 8.1 节的任务。

8.6.1　任务分析

分析：任务的要求是按字典顺序输出字符串，对于字符串的存储，显然用二维数组或者用指针数组。

编写 sort()函数，对字符指针数组进行排序，形参分别是 alpha（字符指针数组）和 n（元素个数）。该函数无返回值。程序中需用到以下内容。

（1）实参对形参的值传递。

```
            sort( p ,    10 );
                    ↓        ↓
void sort(char *alpha[],int n)
```

（2）字符串的比较只能使用 strcmp()函数。形参字符指针数组 name 的每个元素，都是一个指向字符串的指针，所以有 strcmp（name[min]，name[j]）。

8.6.2　程序代码

```
#include <stdio.h>
#include <string.h>
void sort(char *alpha[],int n);
void main()
{
char name[10][30],*p[10];
int i;
```

```
for(i=0;i<10;i++)
    p[i]=name[i];        //使用指针数组指向姓名
printf("请输入学生姓名(以拼音输入)：\n");
for(i=0;i<10;i++)
    gets(p[i]);
    sort(p,i);           //调用函数
printf("排序后结果为：\n");
for(i=0;i<10;i++)
    puts(p[i]);
}

void sort(char *alpha[],int n)
{
int i,j,k;
char *t;
for(i=0;i<n-1;i++)
{
    k=i;
    for(j=i+1;j<n;j++)
        if(strcmp(alpha[k],alpha[j])>0)
            k=j;
    if(k!=j)
    {
        t=alpha[i];
        alpha[i]=alpha[k];
        alpha[k]=t;
    }
}
}
```

8.7　本　章　小　结

8.7.1　知识点

本章的知识结构如表 8-1 所示。

表 8-1　　　　　　　　　　　　　　　　本章知识结构

指针变量	指针变量的定义	基类型　*指针变量名;
	指针变量的赋值	
	指针的运算符	&　取地址运算符 *　指针运算符
	指针变量的引用	*　指针变量
指针与数组	通过指针引用一维数组的元素	
	指针和数组名作为函数参数	
指针与字符串	字符指针变量	char *字符指针变量名;
	字符指针数组	char *字符指针数组名[];

8.7.2 常见错误

1. 指针变量错误

（1）在定义多个指针变量时，只在第一个变量名前使用*。例如：

```
char *p1,p2,p3; //错误
```

（2）指针变量未正确赋值之前就引用，如表 8-2 所示。

表 8-2　　　　　　　　　　指针的错误用法与正确用法对比

错误的用法	正确的用法

int a, *p;
scanf("%d",p);　　//p 未指向变量
	int a,*p;
	p=&a;
	scanf("%d",p);

int a,*p;
*p=33;　　　　// p 未指向变量
	int a,*p;
	p=&a;
	*p=33;

char *str; scanf("%s",str);　//str 是野指针	char str[80]; scanf("%s",str);

char *str;
strcpy(str,"abc");//str 是野指针
	char *str;
	char a[80];
	str=a;
	strcpy(str, "abc");

（3）利用指针型变量输入数据时多了&。如果指针指向一个变量，用这个指针作为参数调用 scanf 时，指针本身就是变量的地址，不能再使用&运算符。例如：

```
int a;
int *p=&a;
scanf("%d",&p);//应改为：scanf("%d",p);
```

2. 指针使用错误

（1）利用指针造成数组越界操作。利用指针访问数组元素时，容易忘记将指针指回数组的首元素，由此将造成数组越界操作。例如：

```
int a[10],k;
int *p;
p=a;                     //指向 a 的第一个元素
for(k=0;k<10;k++)
  scanf("%d",p++);
for(k=0;k<10;k++)        //忘记了将 p 指回 a[0],应在 for 语句前增加 p=a;
  if(p[k]<0)
  ...
```

（2）利用＝＝比较字符型指针与某字符串是否相等。指向字符串的字符指针是字符串首字符的地址，本身不是字符串的内容。因此，即使两个字符串相同，但如果存放在不同的内存区域中，指向它们的指针也不会相等。例如：

```
char str1[10],str[10];
char *pstr1,*pstr2;
pstr1=str1;
pstr2=str2;
strcpy(str1,"abcd");
```

```
strcpy(str2,"abcd");
if(pstr1==pstr2)
  printf("%s==%s",pstr1,pstr2);
else
  printf("%s!=%s",pstr1,pstr2);
```

上面程序将输出：abcd!=abcd

要想比较两个指针所指向的字符串是否相等，应该调用 strcmp 函数，上例中的 if 语句应改为

```
if(strcmp(pstr1,pstr2)==0)
  printf("%s==%s",pstr1,pstr2);
else
  printf("%s!=%s",pstr1,pstr2);
```

8.8 课 后 练 习

一、选择题

1. _____提供了一种直接操作内存地址的变量。

    A．结构   B．指针   C．数组   D．变量

2. 下面声明一个指向整型变量 x 的指针 p 的语句，正确的是_____。

    A．int *p, x;   B．int *p, x;

       p=x;   p=*x;

    C．int *p, x;   D．int *p, x;

       p=&x;   *p=&x;

3. 若定义 int a=511, *b=&a;，则 printf ("%d\n", *b); 的输出结果为_____。

    A．无确定值   B．a 的地址   C．512   D．511

4. 若有以下程序段：

```
char  arr[]="abcde",*p=arr;
for(;p<arr+5;p++)
printf("%s\n",p);
```

则输出结果是_____。

    A．abcd   B．a   C．abcde   D．abcde

       b   d   bcde

       c   c   cde

       d   b   de

       e   a   e

5. 若已定义"int a[9], *p=a;"并在以后的语句中未改变 p 的值，不能表示 a[1]地址的表达式是_____。

    A．p+1   B．a+1   C．a++   D．++p

6. 若有以下程序段：

```
#include <stdio.h>
void main()
{ char *p1,*p2,str[50]="ABCDEFG";
```

```
p1="abcd";
p2="efgh";
strcpy(str+1,p2+1);
strcpy(str+3,p1+3);
printf("%s",str);
}
```

则输出结果是_____。

    A．AfghdEFG   B．Abfhd   C．Afghd   D．Afgd

7．下面程序的输出结果是_____。

```
void main()
{ int a[ ]={1,2,3,4,5,6,7,8,9,0,},*p;
 p=a;
 printf("%d\n",*p+9);
}
```

    A．0   B．1   C．10   D．9

8．若有有以下程序段：

```
void main()
{ char *s[]={"one","two","three"},*p;
 p=s[1];
 printf("%c,%s\n",*(p+1),s[0]);
 }
```

则输出结果是_____。

    A．n，two   B．t，one   C．w，one   D．o，two

9．若有有以下程序段：

```
void main()
{
int x[8]={8,7,6,5,0,0},*s;
s=x+3;
printf("%d\n",s[2]);
}
```

则输出结果是_____。

    A．随机值   B．0   C．5   D．6

二、编写程序

1．编写程序实现下述功能：声明两个实型变量，从键盘输入它们的值，然后显示它们的值和存放地址。

2．编写程序实现下述功能：声明有 10 个元素的实型数组，通过键盘，用指针输入各元素的值，再通过指针计算各元素的平均值。

3．编写程序实现下述功能：声明有 11 个元素的整型数组，通过键盘，用指针输入各元素的值，再通过指针把 11 个元素的值颠倒排列，最后通过指针显示排列后的值。

4．编写程序实现下述功能：从键盘输入两个字符串，再通过指针把第二个字符串拼接到第一个字符串的尾部，最后通过指针显示拼接后的字符串。

5．编写程序实现下述功能：把 s 字符串中的所有字符左移一个位置，串中的第一个字符移到最后。请编写函数 Chg（char *s）实现程序要求。

例如，s 字符串中原有内容为 MN.123XYZ，则调用函数后，结果为 N.123XYZM。

8.9　综　合　实　训

【实训目的】

（1）掌握指针处理变量的方法。

（2）掌握用指针处理数组。

（3）掌握用指针处理字符串。

【实训内容】

实训步骤及内容	题　目　解　答	完成情况
实训内容： 1. 定义一个数组 stu[10]存放 10 个学生的成绩，从键盘输入数据，要求用指针实现		
2. 将数组 stu[10]的内容输出到屏幕上，要求用指针实现		
3. 将成绩数组按照从高到低进行排序，要求用指针实现		
4. 将第 3 题内容放在函数中实现，在主函数中调用实现排序，用指针实现，输出排序后的成绩单		
5. 采用指针方法，输入字符串"student score"，复制该字符串并输出（复制字符串采用库函数或用户自定义函数）		
实训总结： （1）指针作函数参数时，形参和实参的数据传递关系有什么特点？ （2）字符指针数组和字符串数组之间有什么样的关系		

8.10　知　识　扩　展

8.10.1　动态分配内存函数 malloc

malloc 函数的一般形式：

void　*　malloc（unsigned int size）；

说明：

（1）malloc 函数只带一个参数，这个参数的含义是要分配内存的大小（以字节为单位）。

（2）返回值是一个指向空类型（void）的指针，说明返回的指针所指向的内存块可以是任何类型。

（3）如果 malloc 分配内存失败，则返回值是 NULL（空指针）。

例如：如果要分配 10 个 int 型的数组，可以这样调用 malloc 函数。

```
int  *p;
int k;
p=(int *)malloc(10*sizeof(int));
if(p!=NULL)
  for(k=0;k<10;k++)
```

```
        p[k]=k+1;
```

📌 **注　意**

malloc 函数可能返回 NULL，因此一定要检查分配的内存指针是否为空，如果是空指针，则不能引用这个指针，否则将造成系统崩溃。

8.10.2　释放内存的函数是 free

动态分配的内存是可以释放的。程序在需要时可以调用 malloc 函数向系统申请内存，在不再需要这块内存时就应该将内存返还给系统。如果程序只申请内存，用完了却不返还，很容易将内存耗尽，使程序最终无法运行。

free 函数的一般形式：

void　free（void * block）；

说明：free 函数只带一个参数，这个参数就是要释放的内存指针。

📌 **注　意**

调用 malloc 和 free 函数的源程序中要包含 malloc.h 文件。

8.10.3　动态内存的使用

内存动态分配的使用一般分成以下三个步骤。

（1）使用 malloc()函数申请动态内存区域。

（2）通过指针访问申请到的动态内存区域。

（3）动态内存区域使用完毕，使用 free 函数释放这个区域。

现在我们通过一组实例来说明动态内存的使用方法。

【例 8-9】编写程序实现下述功能：从键盘输入 *n* 个整数到动态内存区域，求出其中偶数之和。

解题思路：n 用来存放整数个数，指针 p 指向动态内存。先使用 scanf 函数获得整数个数，然后调用 malloc()函数分配一块内存。

```
/*
源文件名：ch8-9.c
功能：使用动态内存区域,求 n 个整数中的偶数之和
*/
#include <stdio.h>
#include <malloc.h>
void main()
{
int n,i,s = 0;
int *p;
    printf("请输入 n: ");
    scanf("%d",&n);
p = (int *)malloc(n*sizeof(int));
                                //申请能存放 n 个整型变量的动态内存
if (p==NULL)
{
    printf( "申请动态内存失败,程序退出");
    return;
}
```

```
for (i=0;i<n;i++,p++)                    //输入n个整数,存放于动态内存中
{
    printf( "请输入第%d个整数：",i+1);
    scanf("%d",p);
    if (*p%2==0)
        s+=*p;                           //相当于s=s+*p
}
p=p-i;
printf("输入的%d个整数是：\n",n);
for(i=0;i<n;i++)                         //显示输入的整数
    printf("%d  ",*p+i);
printf("\n其中偶数之和是：%d\n",s);
if(p!=NULL)
    free(p);                             //释放指针变量p指向的动态内存区域
}
```

程序运行结果如图 8-15 所示。

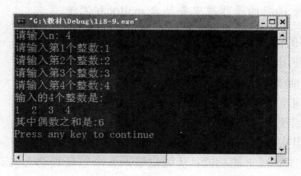

图 8-15　　[例 8-9] 的运行结果

项目 **2** 学生成绩统计

📢 【项目描述】

（1）功能：该项目主要实现学生某门课程成绩的统计。其功能包括：录入和显示学生学号和成绩、显示该门课程平均分和不低于平均分的学生人数并打印其学生名单、显示最高分及学生学号、显示最低分及学生学号、统计各分数段人数。系统功能如项目图 2-1 所示。

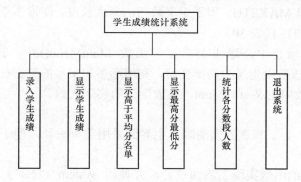

项目图 2-1 　系统功能模块结构图

（2）各功能模块说明如下。

1）录入学生成绩模块：实现学生学号、成绩的录入，最多可以录入 30 个学生的成绩，当成绩输入为 –1 时结束整个录入过程。

2）显示学生成绩模块：实现全部学生学号和成绩的显示。

3）显示不低于平均分学生信息模块：主要实现统计成绩在全班平均分及平均分之上的学生人数并显示其学生名单。

4）显示最高分、最低分学生信息模块：主要实现找出该门课程最高分、最低分学生学号、成绩名单。

5）统计各分数段人数模块：主要实现该门课程最高分和最低分的统计，并显示统计结果。

需要说明的是，学生成绩统计系统重在以一个小项目为突破口，让学生灵活掌握函数、数组等知识并提升应用能力。所以实现的功能相对比较简单，所处理的学生信息也不太全面。学习了结构体和文件的内容之后，将给出更完善、更实用的学生信息管理系统。

✍ 【知识要点】

（1）C 语言的函数。

（2）C 语言的数组。

📖 【任务实现】

1. 系统分析与设计

通过分析以上功能描述，可以确定本系统的数据结构和主要功能模块。

（1）程序功能模块：根据系统要求，系统主模块应包含显示主菜单模块、录入学生成绩模块、显示学生成绩模块、统计高于平均分模块、统计最高分和最低分模块、统计各分数段人数模块，每个模块都定义为一个功能相独立的函数，各函数名如下。

1）显示主菜单模块，函数名 MainMenu()。

2）录入学生成绩模块，函数名 InputScore（long num[]，int score[]）。

3）显示学生成绩模块，函数名 DisplayScore（long num[]，int score[]，int n）。

4）统计高于平均分模块，函数名 AboveAvgScore（long num[]，int score[]，int n）。

5）统计最高分和最低分模块，函数名 MaxMinScore（long num[]，int score[]，int n）。

6）统计各分数段人数模块，函数名 GradeScore（int score[]，int n）。

（2）定义数据结构。要实现学生成绩的统计，首先要考虑的一个问题就是学生学号、成绩的存储。我们设计了一位数组 num[]、set_score[]来存储学生的学号和成绩，并在程序的开始设置了一个符号常量 MAXSTU，用于定义数组的最大长度，即最多学生人数。假设学生不超过 30 人，则 MAXSTU 代表 30。

在学生成绩统计项目中，除主菜单显示函数 MainMenu()外，其他函数均用到数组 set_score[]。本例中将该数组定义为局部变量，利用形参和实参的数据传递，实现对学生成绩数组的访问。在主函数中定义 stu_count，存放学生的实际人数。

2. 各个模块设计

（1）主界面设计。为了程序界面清晰，主界面采用菜单设计，便于用户选择执行，如项目图 2-2 所示。

本模块采用 printf()函数实现主界面设计，并使用 system（"cls"）清屏，此函数原型在"stdlib.h"头文件中。本模块通过系统主函数 main()调用。

（2）录入学生信息模块。本模块是从键盘输入一个班学生某门课的成绩及其学号，当输入成绩为负值时，输入结束。学生数据（包括学号、成绩）的录入过程如项目图 2-3 所示。本模块函数参数有 2 个，长整型数组 num，存放学生学号；整型数组 score，存放学生成绩。函数返回值为学生总数。

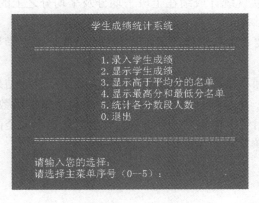

项目图 2-2　主菜单

项目图 2-3　录入界面

（3）显示学生信息模块。显示格式如项目图 2-4 所示。本模块函数参数有 3 个，长整型数组 num，存放学生学号；整型数组 score，存放学生成绩；整型变量 n，存放学生总数。函数无返回值。

（4）显示高于平均分的名单模块。先计算平均分，并显示高于平均分的名单，显示结果如项目图 2-5 所示。本模块函数参数有 3 个，长整型数组 num，存放学生学号；整型数组 score，存放学生成绩；整型变量 n，存放学生总数。函数无返回值。模块中平均值用变量 average 存放，声明为 float 类型。

（5）显示最高分最低分名单模块。显示结果如项目图 2-6 所示。本模块函数参数有 3 个，长整型数组 num，存放学生学号；整型数组 score，存放学生成绩；整型变量 n，存放学生总数。函数无返回值。将最高分成绩存于变量 max 中，学号存于 max_num 中，将最低分成绩存于变量 min 中，学号存于 min_num 中。

项目图 2-4　显示界面　　　　　　　　项目图 2-5　显示高于平均分名单

（6）统计各分数段人数模块。显示结果如项目图 2-7 所示。本模块函数参数有 2 个，整型数组 score，存放学生成绩；整型变量 n，存放学生总数。函数无返回值。

项目图 2-6　显示最高分最低分名单　　　项目图 2-7　统计各分数段人数

（7）主函数。主要是通过循环语句，结合 switch 语句完成主菜单的功能调用。

3．源程序清单

```
//------编译预处理命令部分----------
#include <stdio.h>
#include <stdlib.h>
#include <string.h>
#include <conio.h>
#define MAXSTU 30                              //最大学生人数为 30
//------函数原型声明部分----------
void MainMenu();                               //主菜单函数声明
int InputScore(long num[],int score[]);        //录入学生学号和成绩函数声明
void DisplayScore(long num[],int score[],int n);  //显示学生成绩函数声明
void AboveAvgScore(long num[],int score[],int n);

                                               //显示高于平均分学生名单函
```

```
                                                 数声明
void MaxMinScore(long num[],int score[],int n);
                                       //显示最高分最低分学生名单函数声明
void GradeScore(int score[],int n);     //统计课程各分数段人数函数声明
//------主函数部分----------
void main()
{
    int  set_score[MAXSTU];            //定义一维数组,存放学生某门课程的成绩
    long num[MAXSTU];                  //定义一维数组,存放学生学号
    int stu_count=0;                   //存放学生实际人数
    int choose;                        //定义整型变量,存放主菜单选择序号
    while(1)
    {
        MainMenu();                    //调用显示主菜单函数
        printf("\n\t\t 请选择主菜单序号(0--5)： ");
        scanf("%d",&choose);
        switch(choose)
        {
         case 1: stu_count=InputScore(num,set_score);     //调用录入成绩函数
                break;
         case 2: DisplayScore(num,set_score,stu_count);   //调用显示成绩函数
                break;
         case 3: AboveAvgScore(num,set_score,stu_count);
                                       //调用显示高于平均分函数
                break;
         case 4: MaxMinScore(num,set_score,stu_count);
                                       //调用显示最高最低分函数
                break;
         case 5: GradeScore(set_score,stu_count);
                                       //调用统计各分数段人数函数
                break;
         case 0: return;
         default: printf("\n\t\t 输入无效,请重新选择!\n");
        }
        printf("\n\n\t\t 按任意键返回主菜单");
        getch();
    }
}
//-----------各函数定义部分-------------
//----显示主菜单-----
void MainMenu()
{
    system("cls");
    printf("\n\t\t          学生成绩统计系统                    \n");
    printf("\n\t\t================================\n");
    printf("\t\t          1.录入学生成绩              \n");
    printf("\t\t          2.显示学生成绩              \n");
    printf("\t\t          3.显示高于平均分的名单       \n");
    printf("\t\t          4.显示最高分和最低分名单      \n");
    printf("\t\t          5.统计各分数段人数           \n");
    printf("\t\t          0.退出                    \n");
```

```
    printf("\n\t\t=====================================\n");
    printf("\n\t\t请输入您的选择：");
}
//---------输入学生成绩函数--------
int InputScore(long num[],int score[])
{
    int i=-1;
    system("cls");
    do
    {
        i++;
        printf("\n\t\t 请输入学号 成绩(输入-1 退出)");
        scanf("%ld%d",&num[i],&score[i]);
    }while(num[i]>0 && score[i]>=0);
    return i;
}
//---------显示学生成绩函数------
void DisplayScore(long num[],int score[],int n)
{

    int i;
    system("cls");
    printf("\n\t\t  学生成绩如下：");
    printf("\n\t\t========================\n");
    printf("\n\t\t  学生学号    成绩");
    printf("\n\t\t------------------------\n");
    for(i=0;i<n;i++)
    {
        printf("\n\t\t   %ld          %d",num[i],score[i]);
    }
}
//--------显示高于平均分的名单----------
void AboveAvgScore(long num[],int score[],int n)
{

    int i,sum=0;
    int count=0;
    float average;
    system("cls");
    for(i=0;i<n;i++)
    {
        sum=sum+score[i];
    }
    average=(float)sum/n;
    printf("\n\t\t平均分为：%.2f\n",average);
    printf("\n\t\t--------------------------------\n");
    printf("\n\t\t高于平均分：\n\t\t学号    成绩");
    printf("\n\t\t--------------------------------\n");
    for(i=0;i<n;i++)
    {
        if((float)score[i]> average)
```

```
        {
            printf("\n\t\t%ld          %d",num[i],score[i]);
            count++;
        }
    }
    printf("\n\t\t 高于平均分的人数：%d\n",count);
}
//--------显示最高分和最低分名单----------
void MaxMinScore(long num[],int score[],int n)
{

    int i,max,min;
    long max_num,min_num;
    system("cls");
    max=min=score[0];
    max_num=min_num=num[0];
    for(i=1;i<n;i++)
    {
        if(score[i]>max)
        {
            max=score[i];max_num=num[i];
        }
        if(score[i]<min)
        {
            min=score[i];min_num=num[i];
        }
    }
    printf("\n\t\t 最高分学号：%ld,分数：%d",max_num,max);
    printf("\n\t\t 最低分学号：%ld,分数：%d",min_num,min);
}
//--------统计课程各分数段人数函数----------
void GradeScore(int score[],int n)
{
    int i;
    int grade_90=0;
    int grade_80=0;
    int grade_70=0;
    int grade_60=0;
    int grade0_59=0;
    system("cls")·
    for(i=0;i<n;i++)
    {
        switch(score[i]/10)
        {
        case 10:
        case 9: grade_90++;break;
        case 8: grade_80++;break;
        case 7: grade_70++;break;
        case 6: grade_60++;break;
        default: grade0_59++;break;
        }
```

```
    }
        printf("\n\t\t90 分以上的人数为：%d",grade_90);
        printf("\n\t\t80--90 分的人数为：%d",grade_80);
        printf("\n\t\t70--80 分的人数为：%d",grade_70);
        printf("\n\t\t60--70 分的人数为：%d",grade_60);
        printf("\n\t\t  不及格的人数为：%d",grade0_59);
    }
```

【项目总结】

（1）在实际开发中，当编写由许多函数组成的程序时，一般情况下先编写主函数。对于尚未编写的被调函数，先使用空函数占位，以后再使用编好的函数代替它。

（2）声明一维形参数组时，方括号内可以不给出数组的长度。

（3）在被调函数中改变形参数组元素值时，实参数组元素值也会随之改变。

提　高　篇

第9章　复杂数据类型

【知识目标】

结构体类型的定义。

结构体变量的定义、初始化及使用的方法。

结构体数组的定义及应用。

结构体指针、链表的定义及应用。

结构体与函数、共用体及枚举类型的应用。

【技能目标】

掌握C语言各种复杂数据类型的使用方法。

熟练掌握结构体类型、结构体变量、结构体数组和结构体指针的定义及应用。

9.1　任　务　导　入

❖【任务描述】

输入 5 个学生的姓名和数学、英语、语文三门课的成绩，计算每个学生的平均成绩并设定平均成绩的等级，要求：输出学生的姓名、平均成绩及平均成绩等级，程序运行结果如图9-1 所示。

图 9-1　任务运行结果

🎧【提出问题】

（1）如何描述学生这个事物，以及学生包含的各种信息？

（2）如何表示每个学生的个体，以及如何使用每个学生的各种信息？

（3）如何设定每个学生的平均成绩的等级？

（4）如何输入每个学生的姓名和数学、英语、语文三门课的成绩？

（5）如何输出每个学生的姓名、平均成绩以及平均成绩等级？

9.2 结 构 体 变 量

结构体是 C 语言中引入的一种自定义数据类型，是在一个名称之下的多个数据的集合。构成结构体的每个数据称为成员或元素。

9.2.1 结构体类型的定义

作为一种自定义的数据类型，在使用结构体之前，必须完成其定义。

结构体类型定义的语法形式：

struct 结构体名称

{ 成员变量列表；…}；

其中 struct 为定义一个新的结构体类型的系统关键字。结构体名称应遵循 C 语言标识符命名规则来命名。成员变量可以为基本数据类型、数组和指针类型，也可以为结构体。由于不同的成员变量分别描述此类事物的某一方面特性，因此成员变量不能重名。

【例 9-1】 为了描述班级（假设仅包含班级编号、专业和人数的信息），可以定义如下结构体：

```
struct class
{   char code[10];          //班级编号
    char major[30];         //专业
    unsigned int count;     //人数
};
```

9.2.2 结构体变量的定义

C 语言中所有数据类型都遵循"先定义后使用"的原则，结构体类型系统没有预先定义，所以必须在完成结构体类型定义之后才能使用此结构体类型定义变量。

定义结构体类型变量有如下三种方法。

1. 先定义结构体类型再定义变量

其一般形式为

struct 结构体名称

{ 成员变量列表；…}；

struct 结构体名称 变量名列表；

【例 9-2】定义了结构体类型 struct student 后，定义两个该类型的变量 st1 和 st2 如下。

```
struct  student
{    int   num;
     char  name[20];
     char  sex; };
```

```
struct   student   st1,st2;
```

【例9-3】 用嵌套结构体类型定义来描述学生，定义如下。

```
struct date           struct   student
{ int month;         {   int   num;
int day;             char name[20];
int year;             char sex;
 };                    int   age ;
                      struct date birthday;
                      char addr[30]; } ;
```

2. 定义结构体类型同时定义变量

此方法的一般定义形式为

struct   结构体名称

{   成员变量列表；…}变量名列表；

【例9-4】 定义了结构体类型 struct   student 的同时定义两个该类型的变量 st1 和 st2 如下。

```
struct student
{ int   num;
  char  name[20];
  char  sex;} st1,st2;
```

3. 直接定义变量

此方法的一般定义形式为

struct

{   成员变量列表；…}变量名列表；

此方法在 struct 后不出现结构体名称，因此也不能再以此定义相同的结构体变量。所以此方法一般用于临时定义局部变量或结构体成员变量。

【例9-5】 定义两个结构体变量 st1 和 st2 如下。

```
struct
{   int   num;
    char  name[20];
    char  sex;} st1,st2;
```

9.2.3   结构体变量的引用和初始化

1. 结构体变量的引用

结构体变量的引用可以分为对结构体变量中成员的引用和对整个结构体变量的引用。一般以对结构体变量中成员的引用为主，对结构体变量的引用必须在定义结构体变量之后进行。

（1）对结构体变量中成员的引用。通过成员运算符"."，可以存取结构体中的成员，结构体成员的引用形式如下。

结构变量名.成员

结构体变量的每个成员都有其特定的数据类型，因此可以像普通变量一样参与其数据类型所允许的各种操作。

例如：

st1. number	相当于一个 int 类型的变量
st1.name	相当于一个字符数组名
st1.sex	相当于一个 char 类型的变量
st1.birthday	相当于一个 struct date 类型的变量
st1.birthday.year	相当于一个 int 类型的变量

【例 9-6】 结构体变量成员的引用示例。

```c
/*
    源文件名：ch9-6.c
    功能：结构体变量
*/#include <stdio.h>
struct date
{   int month;
int day;
int year; };
struct  student
{   int    number;
char  name[20];
char  sex;
    struct  date  birthday; //出生日期
    int score[3]; } ;
void main()
{   struct student st1;
    st1. number=20101101;
    printf("please input name: ");
    gets(st1.name);
st1.sex='m';
st1.birthday.year=1992;
st1.birthday.year++;
st1.birthday.month=8;
st1.birthday.day=12;
printf("please input score: ");
scanf("%d%d%d",&st1.score[0],&st1.score[1],&st1.score[2]);
printf("%1d%s%4c\n",st1.number,st1.name,st1.sex);
printf(                          "                         birthday           :
%d-%d-%d\n",st1.birthday.month,st1.birthday.day,st1.birthday.year);
printf("score: %d,%d,%d",st1.score[0],st1.score[1],st1.score[2]); }
```

运行结果如图 9-2 所示。

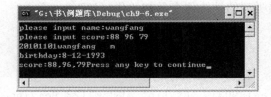

图 9-2 ［例 9-6］的运行结果

从本例中看出可以对结构体成员赋值、存取及运算，但只能对最低一级的结构体成员赋
值、存取和运算。

上面程序中将一个字符常量赋给 st1.sex。结构体成员 name 是字符数组，可以用 gets 函数输入字符串到 name 成员中。而 birthday 成员是 struct date 结构体类型的变量，因此必须连续用两个 "." 引用最低一级到成员 year、month、day。由于 "." 优先级最高，所以 st1.birthday.year++相当于（st1.birthday.year）++。

（2）对整个结构体变量的引用。

1）相同类型的结构体变量可以相互赋值。例如：

```
struct student st1,st2;
    st1=st2;
```

这样就可以把结构体变量 st2 的全部内容赋给另一个结构体变量 st1，而不必逐个成员多次赋值。

2）结构体变量可以取地址。例如：

```
struct student &st1;
```

&st1 是合法表达式,结果是结构体变量 st1 的地址。

3）不能将一个结构体变量作为一个整体进行输入/输出。例如：

```
struct
    { int x;
      int y;}a;
    a.x=4;
    a.y=5;
```

以下引用是错误的：

```
printf（"%d,%d\n",a);
```

只能对结构体变量中各个成员分别进行输入/输出。对结构体成员的操作和同类型变量的操作相同。

2. 结构体变量的初始化

结构体变量初始化的格式，与一维数组相似：

结构体变量={初值表}

不同的是：如果某成员本身又是结构类型，则该成员的初值为一个初值表。

例如，对一个描述学生的结构体变量进行初始化：

```
st1={"000102","张三","男",{1980,9,20}}
```

其中初值的数据类型，必须与结构体变量中相应成员所要求的一致，否则就会出错。

【例 9-7】 外部存储类型的结构体变量初始化，如下。

```
struct student
{ long int num;
  char name[20];
  char sex;
  char addr[30];}a={89031,"Li Lin",'M',"123 Beijing Road"};
main( )
{ printf("%ld,%s,%c,%s\n",a.num,a.name,a.sex,a.addr); }
```

最终输出的结果为

89031，Li Lin，M，123 Beijing Road

在初始化结构体变量时，既可以初始化其全部成员变量，也可以仅对其中部分的成员变量进行初始化，那么其他没有初始化的成员变量由系统为其提供默认的初始化值。各种基本数据类型的成员变量初始化默认值如表 9-1 所示。

表 9-1   基本数据类型成员变量的初始化默认值

数据类型	默认初始化值
int	0
char	'\0x0'
float	0.0
double	0.0
char Array[n]	" "
int Array[n]	{0, 0···, 0}

9.3 结 构 体 数 组

结构体数组是以同类型的结构体变量为数组元素的数组。通常一个结构体变量可以存放一个整体的数据（如一个学生的数据），若需要存放多个整体的数据（如多个学生的数据），则应当采用结构体数组。结构体数组的定义、初始化等操作和内存中的存放方式与普通数组相类似。

9.3.1 结构体数组的定义

与结构体变量的定义相似，结构体数组的定义也分为先定义结构体类型后定义结构体数组，以及定义结构体类型同时定义结构体数组两种形式，定义格式为

结构体类型名称　　数组名[数组长度]

【例 9-8】 定义一个可以存放三个学生数据的结构体数组，如下。

```
struct student
{  long number;
   char name[20];
   char sex;
   int age;
}s[3];
```

结构体数组和一般数组一样，在内存中占有连续的内存空间。

引用结构体数组的元素和引用普通数组元素一样。例如，s[0]是结构体数组 s 其下标为 0 的元素，是一个结构体类型变量，可以像对普通结构体变量一样操作，如可以通过 s[0].number 等引用其成员，但不能直接对它进行输入/输出操作。

9.3.2 结构体数组的初始化

结构体数组的初始化与普通数组一样，也可以在定义数组的同时对每个元素进行初始化。初始化的一般格式为

结构数组[n]＝{{初值表 1},{初值表 2}，···，{初值表 n}}

【例9-9】 定义一个可以存放三个学生数据的结构体数组并对其进行初始化，如下。

```
struct student
{  long number;
   char name[20];
   char sex;
   int age;
}s[3]={{10101, " zhanghua " ,'M',19},{10102, " liuwei " ,'F',18},{10103,
"wangqin",'M',19}};
```

9.3.3 结构体数组的应用

【例9-10】 输入N个整数，记录输入的数和序号，按从小到大的顺序排序（如果两个整数相同，按输入的先后次序排序），输出排序以后的每个整数和它原来的序号如下。

```
/*
    源文件名：ch9-10.c
    功能：结构体数组
*/#include<stdio.h>
#define N 10
struct data
{  int no;                           //输入整数的序号
   int num;                          //输入的整数
};
void main()
{  struct data x[N],temp;
   int i,j;
   printf("输入10个整数：");
   for(i=0;i<N;i++)                  //输入10个整数
   {  scanf("%d",&x[i].num);
      x[i].no=i+1; }
   for(i=0;i<N-1;i++)                //采用冒泡排序法进行排序
     for(j=0;j<N-i-1;j++)
       if(x[j+1].num<x[j].num)
       {  temp=x[j];
          x[j]=x[j+1];
          x[j+1]=temp; }
   printf("值    原来序号\n");
   for(i=0;i<N;i++)       //输出结果
     printf("%5d%5d\n",x[i].num,x[i].no); }
```

9.4 结 构 体 指 针

9.4.1 指向结构体变量的指针

1. 结构体指针变量的定义

当一个指针变量用来指向一个结构体变量时，称为结构体指针。结构体指针和前面学习的指针在特性上完全相像，指针变量的值是结构体变量的起始地址。指针变量也可以指向一个结构体数组，此时结构体指针变量的值是整个结构体数组的首地址。指针变量还可以指向结构体数组的一个元素，此时结构体指针变量的值就是该结构体数组元素的首地址。

结构体指针变量的一般定义形式为

struct 结构体名称 *结构体指针变量名；

例如：struct student *p ；

定义了一个指针变量 p，指向 struct student 结构体类型的变量。

2. 结构体指针变量的初始化

结构体指针变量在使用前必须进行初始化，其初始化的方式与普通指针变量相同，即赋予其有效的地址值。例如：

```
struct point a={0,0,0};
    struct point *p;
    p=&a;
```

上例中，将结构体变量 a 的首地址赋给了结构体指针变量 p。

3. 通过结构体指针引用结构体成员

（1）使用间接访问运算符"*"引用结构体成员。

基本引用形式为：（*结构体指针变量名）.成员名

例如：`struct time w, *p=&w;`

那么（*p）.hour 等价于 w.hour，（*p）.minute 等价于 w.minute，（*p）.second 等价于 w.second。

（2）使用成员选择运算符"->"。

基本引用形式为：结构体指针变量名->成员名

例如：`struct time d, *p=&d;`

那么，p->hour 等价于（*p）.hour 等价于 d. hour，p->minute 等价于（*p）. minute 等价于 d. minute，p->second 等价于（*p）. second 等价于 d. second。

【例 9-11】 有下列变量定义：

```
struct
{ int num;
   char *name;}s={1,"abcdefg"},*p=&s;
```

分析以下表达式的结果。

表达式	表达式结果	说　明
p->num++	1	先访问 s.num，再把 s.num 加 1
++p->num	2	s.num 加 1 值变为 2,后访问 s.num
p->name	s.name	表示字符串"abcdefg"
*p->name	'a'	访问 s.name 指向的对象,即字符'a'
*p->name++	'a'	访问 s.name 指向的对象，即字符'a',然后使 p->name 即 s.name 指向下一个字符'b'
(*p->name)+	'a'	先访问 p->name 指向的对象即字符'a',然后使*p->name 加 1

【例 9-12】 分析下面程序的运行结果。

```
#include <stdio.h>
void main()
{ struct
  { int x;
```

```
        int y;}a[2]={{1,2},{3,4}},*p=a;
    printf("%d,",++p->x);
    printf("%d\n",(++p)->x); }
```

程序运行结果为：

2,3

程序中定义结构体指针 p，初值指向结构数组 a。按运算符的优先级别，"->"优先级别高于"++"，所以++p->x 等价于++（p->x），则表达式的结果为 2。而（++p）->x 由于有括号，先执行++p 指向 a[1]，再取成员 x 的值，所以该表达式的结果为 3，表达式执行完后，指针变量 p 指向 a[1]。

【例 9-13】 分析下面程序的运行结果。

```
/*
    源文件名：ch9-13.c
    功能：结构体指针
 */
struct stu
{ int num;
  char name[20];
  int score;}s[3],*p;
main()
{ int j;
  float ave,sum=0;
  p=s;
  printf("\nInput the date:\n");
  for(j=0;j<3;j++,p++)
  { scanf("%d",&p->num);
    scanf("%s",p->name);
    scanf("%d",&p->score);
    sum+=p->score; }
  ave=sum/3;
  printf("average=%.1f\n",ave); }
```

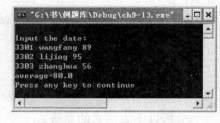

图 9-3 [例 9-13] 的运行结果

运行结果如图 9-3 所示。

指向结构体数组的指针和指向数值型数组的指针的使用方法相同。指针 p 的初值为 s，数组的首地址为&s[0]，输入一个结构体数组元素的各成员值后，p 自加，即指向数组的下一个元素 s[1]，依次类推，循环输入所有数组元素的各成员值。

9.4.2 链表

1. 链表概述

链表是一种常见的动态进行存储分配的数据结构，它根据需要开辟内存单元。链表有"单向链表"、"循环链表"、"双向链表"、"双向循环链表"之分。

（1）单向链表。单向链表是采用一组不连续的存储单元存放链表的数据元素。链表有一个头指针 head，指向链表的第一个元素。链表中每一个元素称为一个结点，由一个结构体变量构成。每个结点包括两部分信息：一是数据域，由多个成员组成，存放需要处理的数据；二是指针域，存放下一个结点的地址，即指向下一个结点。链表的最后一个结点因无后续结点连接，其 next 指针值为 NULL，是链表的结束标志，称为链尾。链表的一般形式如图 9-4 所示。

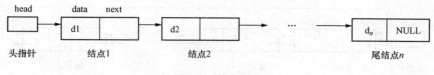

图 9-4　单向链表

例如：sruct node
{ int data;
　　struct node *next;};
　　struct node *head;

上面定义的 sruct node 是整型链表结点的结构体类型。它有两个成员：一个是结点的数据域，即整型成员 data；另一个是结点的指针域，即 struct node *类型的指针成员 next，它是指向自身的指针。结构体类型的指针成员既可以指向其他类型，也可以指向与自己同类型的数据。

假设定义的变量 head 是链表的头指针，则以下是对该链表结点的引用方式：

head->data　　　　　　　　结点 1 的数据域
head->next　　　　　　　　结点 1 的指针域，结果为结点 2 的地址
head->next->data　　　　　结点 2 的数据域
head->next->next　　　　　结点 2 的指针域，结果为结点 3 的地址

与数组的顺序存储结构相比，链表需要更多的存储空间，由于链表不要求数据元素连续存储，它的使用比数组更为灵活。

（2）循环链表。如图 9-5 所示的链表对单链表做了小小的改动，使得最后一个结点的指针域不为空，而是指向链表的头结点。这样链表成为了一个循环，这种链表称为循环链表。在单链表中，必须从头指针开始才能访问链表的所有结点，而循环链表可以从链表的任何结点出发，都可以访问到所有的结点，这是循环链表的优点。

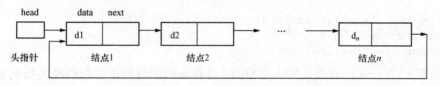

图 9-5　循环链表

（3）双向链表。如果把每个结点的指针域从一个增加到两个，一个指向后续结点，另一个指向前趋结点，这样的链表称为双向链表。如图 9-6 所示，分别是双向链表和双向循环链表。

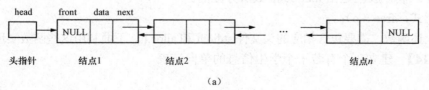

（a）

图 9-6　双向链表和双向循环链表（一）

（a）双向链表

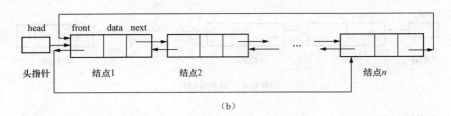

图 9-6　双向链表和双向循环链表（二）

（b）双向循环链表

对于整型双向链表和双向循环链表，其结点类型如下所示。

```
struct dnode
{   int data;
    struct dnode *front;
    struct dnode *next;};
```

2．建立链表

从无至有建立一个链表，即从头至尾顺序地逐个输入各结点数据，并建立起前后结点的连接关系。

在 C 语言中，为用户提供了一些内存管理函数，它们可以按需要动态地分配内存空间，也可把不再使用的空间回收待用。常用的内存管理函数如 malloc()、free()。

（1）分配内存空间函数 malloc()。

格式：void *malloc（unsigned size）；

作用：在内存的动态存储区中分配一块长度为 size 字节的连续区域。函数的返回值为该区域的起始地址；若分配不成功则返回 NULL。

调用形式：（数据类型*）malloc（size）；

例如：

```
#define LEN sizeof(struct stu)
struct stu *p;
p=(struct stu *)malloc(LEN);
```

表示分配一个 struct stu 类型的内存空间，并将函数的返回值强制转换为指向 struct stu 类型的指针，且把该指针赋予指针变量 p。

（2）释放内存空间函数 free()。

格式：void free（void *block）；

作用：释放 p 所指向的一块内存空间。P 是一个任意类型的指针变量，它指向被释放空间的首地址。被释放区是由 malloc 函数所分配的。

调用形式：free（p）；

使用上述函数，需要包含相应的头文件 stdio.h 和 alloc.h。下面利用这些函数实现动态链表。

【例 9-14】　建立一个有若干个学生信息的单向链表。

```
/*
    源文件名：ch9-14.c
    功能：指针链表
*/
```

```
#include  <stdio.h>
#define LEN sizeof(struct stu)
struct stu
{  int  num;
   char name[20];
   int  score;
   struct stu *next;};
int n;
struct stu *new(void)                                  //建立链表,并返回头指针
{   int  flag=0;                                       //标志位
    struct stu *head;                                  //头指针
    struct stu *p1,*p2;
    n=0;                                               //结点数
    head=NULL;
    p1=p2=NULL;                                        //空链表
    printf("\nInput data:\n");
    do
    {  p1=(struct stu *)malloc(LEN);                   //申请一个新结点空间
       scanf("%d%s%d",&p1->num,p1->name,&p1->score);   //读入一个结点数据
       if(p1->num!=0)
       {  n=n+1;
          if(n==1)head=p1;                             //第一个新建结点是头指针
          else p2->next=p1;                            //建立连接
          p2=p1;}
       else flag=1;                                    //链表建立结束
    }while(flag!=1);
    p2->next=NULL;                                     //输入结束,表尾
    return(head);                                      //返回头指针
}
main()
{   struct stu *p;
    p=new(); }
```

上例中学生信息使用 struct stu 类型变量存储。建立单向链表的基本过程是：申请一个 struct stu 类型数据的空间（作为新结点），利用指针 p1 指向此空间，并输入数据，若 p1->num!=0 条件成立，则该结点为有效结点，同前一个结点建立连接关系（p2 指向前一个结点），即 p2->next=p1；然后 p2=p1（将当前结点作为链表新结点的前一个结点，保持地址），再重复前述过程，直至录入结点的 p1->num=0，则链表建立结束。

3. 输出链表

只要有链表的头指针，便可通过其 next 成员找到下一个结点，从而顺序输出链表的全部结点数据。

【例 9-15】 输出上例中建立的单向链表。

```
/*
    源文件名：ch9-15.c
    功能：指针链表
*/
void print(struct stu *head)
{   struct stu *p;
```

```
p=head;
if(p==NULL)return;
printf("\nThe records are: \n");
do
{ printf("%d  %s  %d\n",p->num,p->name,p->score);
  p=p->next;}while(p!=NULL); }
  main()
  {  struct stu *p;
     p=new();
     print(p);}
```

4. 对链表的删除

对已知链表删除一个结点，应采取以下步骤：首先找到需要删除的结点，用指针 p1 指向它；并用指针 p2 指向要删除结点的前一个结点，使 p2->next=p1->next，从而把 p1 指向的结点从链表中删除。在删除过程中，若要删除的结点是头结点，则应更新头指针 head 的值，使 head 成为删除结点后新链表的头指针。

【例 9-16】　在以 head 为头指针的链表中删除学号为 num 的结点。函数返回删除结点后链表的头指针。

```
/*
    源文件名：ch9-16.c
    功能：指针链表
 */
struct stu *del(struct stu *head,int num)
{   struct stu *p1;                              //指向要删除的结点
    struct stu *p2;                              //指向要删除的结点的前一个结点
      if(head==NULL)                             //空表
      {    printf("\nList is NULL\n");
          return(head);}
      p1=head;
      while(num!=p1->num&&p1->next!=NULL)        //查找要删除的结点
      {   p2=p1;
          p1=p1->next;}
      if(num==p1->num)                           //找到了
      {   if(p1==head)                           //要删除的是头结点
              head=p1->next;
          else                                   //要删除的不是头结点
  p2->next=p1->next;
          free(p1);                              //释放被删除结点所占的内存空间
          printf("delete: %d\n",num);
          n=n-1;}
      else  printf("%d not found!\n",num);       //在表中未找到要删除的结点
      return(head);                              //返回新链表的头指针
  }
  main()
  {   struct stu *p;
int num;
p=new();
print(p);
printf("Input the number to delete: \n");
```

```
scanf("%d",&num);
p=del(p,num);
print(p); }
```

5. 对链表的插入

设在链表中各结点按成员 num 由小到大的顺序存放，要把指针 p0 指向的结点插入已有的链表中。设应插入的位置是在指针 p1 指向的结点之前，p2 指向的结点之后，则插入的过程是：从第一个结点开始，把待插入结点的 p0->num 与链表每一个结点的 p1->num 比较，若（p0->num）>（p1->num），则 p1 移到下一个结点，同时 p2 也相应后移；若找到应插入的位置，则执行 p2->next=p0；p0->next=p1；插入结点。在插入过程中，有两种情况要特殊处理：

1）若将 p0 指向的结点插入第一个结点之前，应更新 head 指针的值。

2）若将 p0 指向的结点插入最后一个结点之后，应将链表结束标志 NULL 后移。

【例 9-17】　在以 head 为头指针的链表中插入学号为 num 的结点，函数返回新链表的头指针。

```
/*
    源文件名：ch9-17.c
    功能：指针链表
 */
struct stu *insert(struct stu *head,struct stu *s)
{    struct stu *p0;                                   //待插入结点
     struct stu *p1;                                   //p0 结点插入 p1 结点之前
struct stu *p2;                                        //p0 结点插入 p2 结点之后
p1=head;p0=s;
if(head==NULL)                                         //原链表是空表
{    head=p0;
     p0->next=NULL;}
else
{    while((p0->num>p1->num)&&(p1->next!=NULL))         //查找待插入位置
     {    p2=p1;
          p1=p1->next;}
     if(p0->num<=p1->num)                              //p0 应插入表内
     {    if(p1==head)                                 //p1 是头结点
          {    head=p0;
               p0->next=p1;}
          else
          {    p2->next=p0;
               p0->next=p1;}   }
     else                                              //p0 插入表尾结点之后
     {    p1->next=p0;
          p0->next=NULL;}   }
n=n+1;                                                 //结点数加 1
return(head); }
main()
{    struct stu *p;
     struct stu a;
     p=new();
          print(p);
          printf("Input the data to insert: \n");
```

```
scanf("%d%s%d",&a.num,a.name,&a.score);
p=insert(p,&a);
print(p); }
```

9.5　任　务　实　施

通过对 9.2～9.4 节的学习，我们了解结构体类型、结构体变量、结构体数组及结构体指针的使用方法。对 9.1 节任务中提到的问题，很容易在上文中找到答案。现在完成 9.1 节的任务。

9.5.1　任务分析

思路：根据任务需要定义一个结构体类型来描述学生，其中包含有学生姓名、数学成绩、英语成绩、语文成绩、平均成绩及成绩等级 5 个成员来描述相应的信息。再定义一个结构体数组来表示 5 个具体的学生。要根据平均成绩来设定成绩等级，需要设定一个函数来完成。最后利用循环语句实现对各个学生信息的输入和输出。

（1）定义一个结构体类型 struct student 来描述学生，包含 name、math、eng、cuit、aver 和 grade 共 5 个成员来描述所需的相应信息。

（2）定义一个结构体数组 struct student s[N]来存放具体 N 个学生的信息。

（3）定义一个函数 void set_grade（struct student *p）来根据平均成绩设定成绩等级，利用指向结构体变量的指针作为函数参数，其中使用 if-else 语句进行成绩等级判定。

（4）利用 for 循环语句和对结构体数组元素中成员变量的引用，来完成各个学生的姓名和数学、英语、语文三门课成绩的输入。

（5）利用 for 循环语句、对结构体数组元素中成员变量的引用及对成绩等级判定函数的调用，来完成每个学生姓名、平均成绩和平均成绩等级的输出。

9.5.2　程序代码

```
/*
    源文件名：ct9-1.c
    功能：结构体应用
 */
#include<stdio.h>
#define N 5
struct student
{  char name[20];              //学生姓名
   float math;                 //数学成绩
   float eng;                  //英语成绩
   float cuit;                 //语文成绩
   float aver;                 //平均成绩
   char grade;                 //成绩等级 };
void set_grade(struct student *p);
void main()
{  struct student s[N],*pt;
int i;
pt=s;
for(i=0;i<N;i++)
```

```
{   printf("请输入第%d学生的数据\n",i+1);
printf("姓名：");
        scanf("%s",&s[i].name);
        printf("数学、英语、语文成绩：");
        scanf("%f%f%f",&s[i].math,&s[i].eng,&s[i].cuit);
        s[i].aver=(s[i].math+s[i].eng+s[i].cuit)/3.0; }
    set_grade(pt);
    printf("姓名      平均成绩      成绩等级\n");
    for(i=0;i<N;i++)
      printf("%s%10.1f%5c\n",s[i].name,s[i].aver,s[i].grade); }
void set_grade(struct student *p)   //设定成绩等级的函数
    {   int i;
        for(i=0;i<N;i++,p++)
        {   if(p->aver>=80) p->grade='A';
            else if(p->aver>=70) p->grade='B';
                else if(p->aver>=60) p->grade='C';
                    else p->grade='D'; }   }
```

9.6 本 章 小 结

9.6.1 知识点

本章主要介绍了结构体类型及结构体变量的定义、引用和初始化，结构体数组的应用，以及链表的概念和常用操作。本章的知识结构如表 9-2 所示。

表 9-2 　　　　　　　　　　　　　　　　　本 章 知 识 结 构

结构体变量	结构体类型	定　　义
	结构体变量	定义、引用、初始化
结构体数组	结构体数组	定义、初始化、应用
结构体指针	指向结构体变量的指针	定义、初始化、应用
	链表	单向链表、双向链表和循环链表、对链表的输出、删除和插入

9.6.2 常见错误

（1）结构体类型定义。

struct 结构体名称

{ 成员变量列表；… }；　//此行末尾的分号必不可少

（2）结构体类型必须先定义后使用。

定义了结构体类型 struct student 后，可以用它定义变量。

例如：struct student st1, st2; 不能写成 struct st1, st2;。

（3）只能对结构体变量的各分量进行输入输出，不能将一个结构体变量直接进行输入/输出。例如：

```
scanf("%s,%s,%s,%d,%d,%d",&st1);                //错误
printf("%s,%s,%s,%d,%d,%d",st1);                //错误
scanf("%s",st1.name);                           //正确
scanf("%d",&st1.birthday.day);                  //正确
```

```
printf("%s,%d",st1.name,st1.birthday.day);          //正确
```

（4）结构变量的初始化。例如：

```
st1={ "000102","张三","男",{1980,9,20} }
```

初值的数据类型，应与结构变量中相应成员所要求的一致，否则会出错。

（5）不可将两个结构变量进行关系比较。例如：

```
struct temp
{   int a;
        char ch;} x1,x2;
main( )
 {   x1.a=10;
    x2.ch='a';
        if( x1= =x2 ) //非法语句
         ...
        }
```

9.7 课 后 练 习

一、选择题

1. 在定义一个结构体变量时，系统分配给它的内存是（   ）。

    A．结构体中第一个成员所需内存量　　　B．结构体中最后一个成员所需内存量

    C．成员中占内存量最大者所需的内存量　　D．各成员所需内存量的总和

2. 定义一个共用体变量时，系统分配给它的内存是（   ）。

    A．共用体中第一个成员所需内存量　　　B．共用体中最后一个成员所需内存量

    C．成员中占内存量最大者所需的内存量　　D．各成员所需内存量的总和

3. 设有以下结构体定义：

```
struct emproyer
{ char name[8];
int age;
char sex;}staff;
```

则下列的叙述不正确的是（   ）。

    A．struct 是结构体类型的关键字

    B．struct emproyer 是用户定义的结构体类型

    C．staff 是用户定义的结构体类型名

    D．name age sex 都是结构体成员名

4. 下面程序运行的结果是（   ）。

```
    main()
   { struct cmplx
    { int x;
      int y;}cnum[2]={1,3,2,7};
    printf("%d\n",cnum[0].y/cnum[0].x*cnum[1].x);}
```

  A．0　　　　　　　　　B．1　　　　　　　　　C．3　　　　　　　　　D．6

5. 根据下面的定义，能打印出字母 M 的语句是（　　）。

```
struct person
{   char name[9];
    int age;};
struct person class[10]={ "John",17, "Paul",19, "Mary",18, "Adam",16};
```

    A. printf ("%c\n", class[3].name);　　　B. printf ("%c\n", class[3].name[1]);

    C. printf ("%c\n", class[2].name[1]);　　D. printf ("%c\n", class[3].name[0]);

6. 若有以下定义和语句：

```
struct student
{   int age;
int num;};
struct student stu[3]={{1001,20},{1002,19},{1003,21}};
main()
{   struct student *p;
    p=stu;
    … }
```

则下列引用中不正确的是（　　）。

    A.（p++）->num　　B. p++　　　　　　C.（*p）.num　　　　D. p=&stu.age

7. 设有一共用体变量定义如下：

```
union date
{   long w;
    float x;
    int y;
    char z;};
union date beta;
```

执行下面赋值语句后，正确的共用体变量 beta 的值是（　　）。

    beta.w=123321;beta.y=88;beta.x=99.9;beta.z='A';

    A. 123321　　　　　B. 88　　　　　　　C. 99.9　　　　　　D. 'A'

8. 以下程序的运行结果是（　　）。

```
main()
{   enum team {my,your=4,his,her=his+10};
    printf( "%d%d%d%d\n",my,your,his,her);}
```

    A. 0123　　　　　　B. 04010　　　　　　C. 04515　　　　　　D. 14515

二、填空题

1. 结构体作为一种数据构造类型，在 C 语言中必须经过 "_____" 的过程。

2. 定义结构体变量可以在定义结构体时直接进行，常用的定义结构体变量的一般形式为_____。

3. 引用结构体变量中成员的一般形式为_____。

4. 设已定义 P 为指向某一结构体类型的指针，如引用其成员可以写成_____，也可以写成_____。

5. 结构体类型是建立动态数据结构非常有用的工具，在构造链表时必须在结构体类型定义中包含_____。

6. 以下程序用以输出结构体变量 bt 所占内存单元的字节数，请在空白处填上适当内容。

```
struct ps
{   double i;
    char arr[20]; };
main()
{   struct ps bt;
    printf("bt size: %d\n", _____);}
```

三、程序设计题

编写一个程序，输入 5 名职工的姓名、基本工资和职务工资，统计并输出工资总和最高和最低的职工姓名、基本工资、职务工资及其工资总和。（要求 5 名职工的信息用结构体数组存放）

9.8 综 合 实 训

【实训目的】

（1）深入理解并掌握结构体与共用体的定义与引用。

（2）掌握结构体与函数、结构体数组及指向结构体的指针的应用。

【实训内容】

实训步骤及内容	题 目 解 答	完成情况

读懂并输入程序，完成填空后输出结果。
1. 建立学习成绩单结构，并建立一个同学王林（wanglin）的记录。
`#include <stdio.h>`
`void main()`
`{ struct grade{           //定义结构体类型`
`    int number;`
`    char name;`
`    int math;`
`    int eglish; };`
`  struct 【    】 wanglin; //说明结构体变量`
`  printf("Please input the number, name, math, english: \n");`
`  scanf("%d, %d, %d", &【    】, &wanlin.name, 【    】`
`&wanglin.english);`
`  printf("wanglin' grade is: %d%d%d\n", wanglin.number,`
`wanglin.name, wanglin.math, wanglin.english); }`
    请再建立一个刘芳（liufang）的成绩记录，比较一下		

2. 结构体与函数。
`void main()`
`{ struct             //局部定义结构`
`  { int a;`
`    int b; } 【    】;`
`  variable.a=111;`
`  variable.b='A';`
`  fun(variable);`
`  printf("a=%d\n", variable.a);`
`  printf("b=%d\n", variable.b); }`
`fun(nam)`
`{ struct`		

实训步骤及内容	题 目 解 答	完成情况

`{ int x;`
`   int y; }【    】；//定义形参`
`printf（"x1=%d\n"，nam.x）；`
`nam.x=2222；//重新赋值`
`nam.y='B'；`
`printf（"x2=%d\n"，nam.x）；`
`printf（"x2=%d\n"，nam.y）；}`		

3. 结构体数组。建立起 3 个同学的成绩单。
`#include <stdio.h>`
`void main()`
`{ struct grade{　　　//定义结构体类型`
`   int number;`
`   char name;`
`   int math;`
`int eglish; };`
`struct grade【    】；//说明结构体数组`
`printf（"Please input the number, name, math, english:\n"）；`
`for（i=0；i<2；i++）`
`{ scanf（"%d, %d, %d"，&【    】，&mate[i].name，【    】&`
`mate[i].english）；`
`   printf（"wanglin'grade is: %d%d%d\n"，mate[i].number，`
`mate[i].name，mate[i].math，mate[i].english）；} }`		

4. 指向结构体的指针，用指向结构体的指针引用结构体成员。
`#include <string.h>`
`void main()`
`{ struct student{`
`   int num;`
`   char nam; };`
`  struct student person1;`
`struct student *p;`
`p=【    】；//指向结构体变量`
`person1.num=20001;`
`person1.nam='A';`
`printf（"\n"）；`
`printf（"Number: %d\nName: \n"，person1.num, person1.nam）；`
`printf（"Number: %d\nName: \n"，(*p).num, (*p).nam）；}`		

5. 共用体的定义与引用。在两个同类型的共用体变量之间赋值。
`void main()`
`{ union test{`
`   int i;`
`   char ch; }【    】；`
`  x.i=2000;`
`x.ch='a';`
`y=x;//对共用体变量 y 赋值`
`printf（"%d, %c\n'，y.i, y.ch）；}`
请大家分析一下，共用体变量 y 和共用体变量 x 的值是否一样		

实训总结： 分析讨论如下问题： （1）结构体变量声明和初始化。 （2）结构体与函数的应用。 （3）结构体数组的应用。 （4）指向结构体的指针的应用。 （5）共用体的定义与引用		

9.9　知　识　扩　展

9.9.1　结构体与函数

在 C 语言中，允许结构体类型数据作为函数参数，有以下三种形式。

（1）结构体变量的成员作函数参数。与普通变量作函数参数一样，是将实参（结构体变量的成员变量）的值向形参进行单项传递。

（2）结构体变量作函数参数。这种情况下是将实参（结构体变量的所有成员）的值逐个传递给同结构类型形参，也是属于值的单项传递。

（3）指向结构体变量（或数组）的指针作函数参数。将实参（结构体变量或数组）的首地址传递给形参，此时形参和实参有共同的内存空间，形参值的改变等价于对应实参值的改变，是属于双向传递。

9.9.2　共用体

共用体是 C 语言中引入的又一个自定义数据类型，和结构体类型很像，有自己的成员变量，但是所有的成员变量占用同一段内存空间。对于共用体变量，在某一个时间点上，只能存储其某一成员的信息。

（1）共用体类型定义的一般形式为

```
union 共用体类型名称
{ 成员变量列表；…};
```

（2）共用体类型变量的定义与结构体类型变量的定义相似，也有三种定义方法。

1）先定义共用体类型，再定义共用体类型变量。例如：

```
union data
{ int i;
   float x;};
union data a;
```

2）定义共用体类型的同时，定义共用体类型变量。例如：

```
union data
{ int i;
   float x;}a;
```

3）直接定义共用体类型变量。例如：

```
union
{ int i;
   float x;}a;
```

（3）共用体类型变量的引用，与结构体变量一样只能逐个引用共用体变量的成员，一般形式如下：

共用体类型变量名.成员名

（4）共用体类型变量的特点如下。

1）系统采用覆盖技术，实现共用体变量各成员的内存共享，所以在某一时刻，存放的和起作用的是最后一次存入的成员值，在存入一个新成员后，原来的成员就失去作用。

2）由于所有成员共享同一内存空间，故共用体变量与其各成员的地址相同。

3）不能对共用体变量进行初始化（注意：结构变量可以）；也不能将共用体变量作为函数参数，以及使函数返回一个共用体数据，但可以使用指向共用体变量的指针。

4）共用类型可以出现在结构类型定义中，反之亦然。

9.9.3　枚举类型

如果一个变量只有几种可能的值，则可以使用枚举类型数据。"枚举"就是将变量可能的值一一列举出来，而变量的值只能取其中之一。

（1）枚举类型定义的一般形式为

enum 枚举类型名称

{ 枚举元素 }；

例如：enum color{ red,green,blue,yellow}。

（2）枚举类型变量的定义有以下三种定义方法。

1）先定义枚举类型，再定义枚举类型变量。例如：

```
enum color{ red,green,blue,yellow};
    enum color a;
```

2）定义枚举类型的同时，定义枚举类型变量。例如：

```
enum color{ red,green,blue,yellow}a;
```

3）直接定义枚举类型变量。例如：

```
enum { red,green,blue,yellow}a;
```

（3）枚举类型变量的使用，需注意以下几点。

1）枚举型仅适应于取值有限的数据。例如：1 周 7 天,1 年 1 2 个月等。

2）取值表中的值为枚举元素，其含义由程序解释。例如，不是写成"Sun"就自动代表"星期天"。事实上，枚举元素用什么表示都可以。

3）枚举类型变量只能在定义的值表中取其中一个枚举常量作为当前值。

4）枚举元素作为常量是有值的定义时顺序号，从 0 开始，所以枚举元素可以进行比较，比较规则是序号大者为大。

例如，上例中的 Sun=0、Mon=1、……、Sat=6，所以 Mon>Sun，Sat 最大。

5）枚举元素的值也是可以改变的，在定义时由程序指定。例如：

```
enum weekdays {Sun=7,Mon=1 ,Tue,Wed,Thu,Fri,Sat};
```

则 Sun=7，Mon=1，从 Tue=2 开始，依次增 1。

6）一个整型数值不能直接赋值给一个枚举变量。例如：

```
enum weekdays {Sun=7,Mon=1 ,Tue,Wed,Thu,Fri,Sat};
    enum weekdays  wk1;
```

不允许直接赋值整数：wk1=7;　//数据类型不同

只能写成：wk1= Sun; 或：wk1=(enum weekdays)7;

甚至可以是表达式，如：w2=（enum weekday）(5-3);

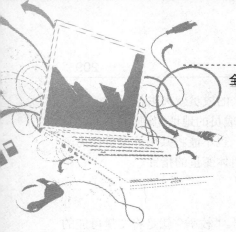

第 10 章

文　件

【知识目标】

○—————————

文件的概念。

文件的打开与关闭。

C 语言读/写文件的方法。

【技能目标】

○—————————

掌握在 C 语言中各类文件的使用方法。

10.1　任　务　导　入

⚙【任务描述】

统计文件的字符数：输入文件名，程序马上输出文件所包含的字符数。该程序运行如图 10-1 所示。

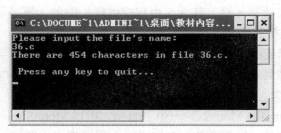

图 10-1　任务运行结果

🎧【提出问题】

（1）如何将输入的文件名传递到程序中？

（2）如何打开文件，并对文件进行字符的统计？

（3）程序如何去识别文件？

10.2　文　件　的　概　念

计算机系统中，根据数据的存储时间，可以分为临时性数据和永久性数据。简单来说，临时数据存储在计算机系统临时存储设备（如存储在计算机内存），这类数据随系统断电而丢失。永久性数据存储在计算机的永久性存储设备（如存储在磁盘和光盘）。永久性的最小存储单元为文件，文件管理是计算机系统中的一个重要问题。

10.2.1 文件概述

对于操作系统来说，文件是存储在磁盘上的一个信息序列，操作系统为这个信息序列起一个名称，叫文件名（或文件标识符）。由于文件存储于外存，外存的数据相对于内存来说是海量的，而且出于安全、规范的角度，不允许程序随意使用外存的数据。因此，当程序要使用文件时必须向操作系统申请使用，操作系统按规则授权给程序使用。使用完毕，程序通知操作系统。

由于内存的处理速度要比外存快得多，在读/写外存中的文件时需要用到缓冲区。所谓缓冲区是在内存中开辟的一段区域，当程序需要从外存中读取文件中的数据时，系统先读入足够多的数据到缓冲区中，然后程序对缓冲区中的数据进行处理。当程序需要写数据到外存文件中时，同样要先把数据送入缓冲区中，等缓冲区满了后，再一起存入外存中。所以程序实际上是通过缓冲区读写文件的。

根据缓冲区划分，文件分为缓冲文件系统和非缓冲文件系统。缓冲文件系统由系统提供缓冲区，非缓冲文件系统由程序员在程序指定缓冲区。大多数的 C 语言系统都支持这两种处理文件的方式，但 ANSI C 标准只选择了缓冲文件系统。本书只介绍缓冲文件系统的使用。

从 C 语言的角度看，文件实际上是一个存储在外存中的由一连串字符（字节）构成的任意信息序列，即字符流。C 语言程序需要按照特定的规则去访问这个序列。C 语言中的文件是逻辑的概念，除了大家熟悉的普通文件外，所有能进行输入/输出的设备都被看做是文件，如打印机、磁盘机和用户终端等。

从用户的角度看，文件可分为普通文件和设备文件两种。普通文件是指驻留在磁盘或其他外部介质上的有序数据集，可以是源文件、目标文件、可执行程序；设备文件是指与主机相连的各种外部设备，如显示器、打印机、键盘等。在操作系统中，把外部设备也看作是一个文件来进行管理，把它们的输入、输出等同于对磁盘文件的读与写。通常把显示器定义为标准输出文件，在屏幕上显示有关信息就是向标准输出文件输出。前面经常使用到的 printf 就是这类输出。

10.2.2 文件的类别

文件作为数据存储的一个基本单位，根据其存储数据的方式不同，分为文本文件（又名 ASCII 文件）和二进制文件。

1. 文本文件

文本文件又称为 ASCII 文件，每个字符对应 1 字节，用于存放对应的 ASCII 码。文件的内容可在屏幕上按字符显示。C 语言源程序文件就是 ASCII 文件，可以使用记事本显示文件内容。

2. 二进制文件

二进制文件是把内存中的数据按照内存中的存储形式原样输出到磁盘中存放。二进制文件也可在屏幕上输出，但其内容无法通过记事本等编辑器看懂。

3. ASCII 文件与二进制文件的比较

（1）ASCII 文件输出与字符一一对应，一字节代表一个字符，便于对字符进行逐个处理，但一般占用存储空间较多，而且要花费较多的转换时间。

（2）二进制文件可以节省存储空间和转换时间，但不能直接输出字符形式。

例如，描述整数 1949 以 ASCII 码形式和二进制形式存储到文件中的区别。

1）整数 1949 以 ASCII 码文件形式存储，存储形式如图 10-2 所示。在文件中按顺序存储 1949 分别对应的 ASCII 码，比如 1 的 ASCII 码是 49（十进制），对应的二进制码就是 00110001。整数 1949 在磁盘文件中占用 4 字节。

2）整数 1949 以二进制文件形式存储，存储形式如图 10-3 所示。在内存中存储的就是整数 1949 对应的二进制数，Visual C++环境中的整数在内存中占用 4 字节，所以整数 1949 在内存中也是占用 4 字节的存储空间。那么在文件中如果以二进制形式存储，存储形式和在内存中存储形式一样。

00110001	00111001	00110100	00111001
1	9	4	9

图 10-2　ASCII 码存储形式

00000000	00000000	00000111	10011101

图 10-3　二进制存储形式

10.2.3　FILE 数据类型

在一个应用程序中，可能同时处理多个文件，如何来描述并区分多个文件呢？在 C 语言中定义了一个结构体数据类型 FILE 来描述文件信息，在"stdio.h"中具体的定义如下。

```
/* Definition of the control structure for streams*/
typedef struct {
short level;                    /* fill/empty level of buffer */
unsigned flags;          /* File status flags */
char fd;                      /* File descriptor */
unsigned char hold;      /* Ungetc char if no buffer */
short bsize;                  /* Buffer size */
unsigned char *buffer;    /* Data transfer buffer */
unsigned char *curp;      /* Current active pointer */
unsigned istemp;          /* Temporary file indicator */
short token;              /* Used for validity checking */
} FILE;                      /* This is the FILE object */
```

可以定义 FILE 结构体类型变量来存储文件的基本信息。

例如：FILE oFile1;

上面的语句定义了一个文件 FILE 类型的变量 oFile1。

一般来讲，以 f 开头的函数均为文件处理函数。文件处理函数基本上以 FILE 指针类型作为函数形式参数或返回值类型。文件处理函数可以分为如下几类。

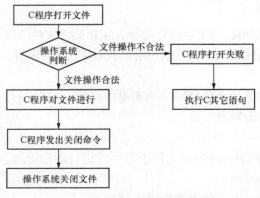

图 10-4　文件的使用流程

（1）文件打开与关闭函数；

（2）文件读写函数；

（3）文件定位函数；

（4）文件状态跟踪函数。

10.2.4　文件的使用流程

既然文件的数据存储在外存中，其存取访问方式肯定不同于前面讨论的数据类型。文件的使用方式与操作系统有着密切的关系。

C 语言对缓冲文件系统的使用是通过一系列库函数来实现，读/写文件必须遵循一定的步骤。图 10-4 是一个 C 语言文件使用流程的示意图。

其中：

（1）打开文件：使用 fopen()函数打开文件，同时将打开文件操作返回的文件指针值赋值给定义的文件指针，使得该指针指向文件。此步骤应对指针 fp 进行验证，以便确认文件是否正常打开，验证程序如下。

```
if 打开文件失败
    {  显示失败信息  }
else
    { 按算法要求读/写文件的内容
      关闭文件
    }
```

（2）文件读/写操作：通过文件指针调用库函数对文件进行读/写操作。例如，调用 fputs()或 fgets()完成文件读/写操作。

（3）关闭文件：文件一旦使用完毕后，应使用关闭文件函数将其关闭，切断打开的文件指针与文件名的联系，释放文件指针，以避免误操作文件中的数据。

（4）对文件操作的库函数，其函数原型均在头文件 stdio.h 中，所以使用文件操作的库函数都要包含头文件 stdio.h。

10.3 文件的打开与关闭

1. 文件打开函数 fopen

在 C 语言中，除了三个标准文件外的所有文件在读/写前都必须显式地打开。文件的打开操作是通过 fopen()函数来实现的，此函数的声明在“stdio.h”中，函数原型如下。

FILE *fopen(const char *filename,const char * mode);

函数返回值——FILE 类型指针。如果运行成功，fopen 返回打开文件的地址，否则返回 NULL。其中 mode 是控制该文件的打开方式的参数；filename 表示要打开的文件在操作系统下的名称，这个名称应该包括路径名称、文件名，路径的约定与操作系统有关。filename 可以是一个表示文件路径和名称的字符串常量，也可以是一个指向字符串的指针变量，被指向的字符串包含要使用文件的路径和名称。

提示：注意检测 fopen()函数的返回值，防止打开文件失败后，继续对文件进行读/写而出现严重错误。文件名称的格式要求路径的分割符为“\\”，而不是“\”，因为在 C 语言中“\\”代表字符'\'。

根据对文件的需求，文件的打开方式有以下几种。

（1）只读方式。只能从文件读取数据，也就是说只能使用读取数据的文件处理函数，同时要求文件本身已经存在。如果文件不存在，则 fopen()的返回值为 NULL，打开文件失败。由于文件类型不同，只读模式有两种不同参数。“r”用于处理文本文件（如.c 文件和.txt 文件），“rb” 用于处理二进制文件（如.exe 文件和.zip 文件）。

（2）只写方式。只能向文件输出数据，也就是说只能使用写数据的文件处理函数。如果文件存在，则删除文件的全部内容，准备写入新的数据。如果文件不存在，则建立一个以当前文件名命名的文件。如果创建或打开成功，则 fopen()返回文件的地址。同样只写模式也有两种不同参数，"w"用于处理文本文件，"wb"用于处理二进制文件。

（3）追加方式。这是一种特殊写模式。如果文件存在，则准备从文件的末端写入新的数据，文件原有的数据保持不变。如果此文件不存在，则建立一个以当前文件名命名的新文件。如果创建或打开成功，则 fopen()返回此文件的地址。其中参数"a"用于处理文本文件，参数"ab"用于处理二进制文件。

（4）读/写方式。它可以向文件写数据，也可从文件读取数据。此模式下有如下几个参数。

1）"r+"，"rb"：要求文件已经存在，如果文件不存在，则打开文件失败。

2）"w+"和"wb+"：如果文件已经存在，则删除当前文件的内容，然后对文件进行读/写操作；如果文件不存在，则建立新文件，开始对此文件进行读/写操作。

3）"a+"和"ab+"：如果文件已经存在，则从当前文件末端对文件进行读/写操作；如果文件不存在，则建立新文件，然后对此文件进行读/写操作。

表 10-1　　　　　　　　　　　　　基本数据类型成员变量的初始化默认值

char *mode	含　义	注　　释
"r"	只读	打开文本文件，仅允许从文件读取数据
"w"	只写	打开文本文件，仅允许向文件输出数据
"a"	追加	打开文本文件，仅允许从文件尾部追加数据
"rb"	只读	打开二进制文件，仅允许从文件读取数据
"wb"	只写	打开二进制文件，仅允许向文件输出数据
"ab"	追加	打开二进制文件，仅允许从文件尾部追加数据
"r+"	读/写	打开文本文件，允许输入/输出数据到文件
"w+"	读/写	创建新文本文件，允许输入/输出数据到文件
"a+"	读/写	打开文本文件，允许输入/输出数据到文件
"rb+"	读/写	打开二进制文件，允许输入/输出数据到文件
"wb+"	读/写	创建新二进制文件，允许输入/输出数据到文件
"ab+"	读/写	打开二进制文件，允许输入/输出数据到文件

例如，按只读方式打开一个文本文件，文件名从键盘输入，程序代码段如下：

```
FILE *fp;
char filename[20];
printf("please input filename: ");
scanf("%s",filename);
if ((fp=fopen(filename,"r"))==NULL)
{   printf("Error opening the file\n");
exit(1);
}
```

其中 exit()作用是中断程序的执行。

2．文件关闭函数

在 C 语言中，文件的关闭是通过 fclose 函数来实现。此函数的声明在"stdio.h"中，函数原型：int fclose (FILE *fp);

函数返回值——int 类型，如果为 0，则表示文件关闭成功，否则表示失败。

fclose()函数的作用是关闭已经打开的文件，要求操作系统将文件句柄 fp 所代表的文件系统进行关闭。操作系统完成如下任务。

（1）收回程序对该文件的使用权限；

（2）将存储在文件缓冲区中的数据，真正写到磁盘文件中。在关闭之前，可能有部分数据存储的文件缓冲区中，当出现意外情况（如断电等），既有可能使得文件中的信息出现错误；

（3）修改文件的基本信息，如结束标志等，对于网络、共享系统释放文件的读写锁，允许其他程序对文件进行读/写。

【例 10-1】　打开名为"a.txt"的文件，并向文件输出字符串"TestFile"，然后关闭文件，同时在屏幕上输出 fclose 的返回值。

```
/*
    源文件名：ch10-1.c
    功能：文件的打开和关闭
*/
#include <stdio.h>
#include <stdlib.h>
void main()
{
FILE *fpFile;
int nStatus=0;
If((fpFile=fopen("a.txt","w+"))==NULL)
{
printf("Open file failed!\n");
exit(0);
}
fprintf(fpFile,"%s","TestFile");
nStatus=fclose(fpFile);
printf("%d",nStatus);
}
```

该例题中 fprintf 就是格式化写函数（输出函数），它会将变量的内容写到文件中去。下节中会详细介绍。

提示：注意在文件处理的最后调用 fclose 函数关闭文件。在关闭文件之后，不可再对文件进行读/写操作。

10.4　文 件 的 读 / 写

文件打开之后，就可以进行读/写操作。文件的读/写操作通过一组库函数实现，分为读函数和写函数。常用的读/写函数分为如下几类。

（1）字符的读/写；

（2）字符串的读/写

（3）格式化读/写；

（4）块的读/写。

10.4.1　字符的读/写

fputc 与 fgetc 函数和标准输入/输出函数 getchar 与 putchar 类似，其在"stdio.h"中的函

数原型如下。

```
int fputc (int c,FILE *stream);
int fgetc (FILE *stream);
```

fputc 函数的功能是把一个字符写入一个文件中。其中参数 int c 表示准备写入的字符；FILE *stream 表示文件地址。

函数返回值 ——int 类型。如果返回值为-1（EOF），则表示字符输出失败，否则返回所写字符。fgetc 函数的功能是从指定文件中读一个字符。其中 FILE *stream 表示用读/写模式和只读模式打开的文件地址。

函数返回值 ——int 类型。如果返回值为-1，表示已经读到文件末尾，否则返回读取到的字符。对于 fgetc 函数的使用有一点说明：在文件内部有一个位置指针，用来指向文件的当前读/写字节，在文件打开时，该指针总是指向文件的第一个字节，使用 fgetc 函数后，该位置指针将向后移动一个字节，因此可连续多次使用该函数，读取多个字符。

【例 10-2】　从键盘读取字符，并输出到"text.txt"文件中。

```
/*
    源文件名：ch10-2.c
    功能：字符读取函数的使用
*/
#include <stdio.h>
#include <stdlib.h>
void main()
{
FILE *fpFile;
char c;
if((fpFile=fopen("c: \\test.txt","w"))==NULL)
{
printf("Open file failed!\n");
exit(0);
}
while((c=getchar())!='Q')
fputc(c,fpFile);
fclose(fpFile);
}
```

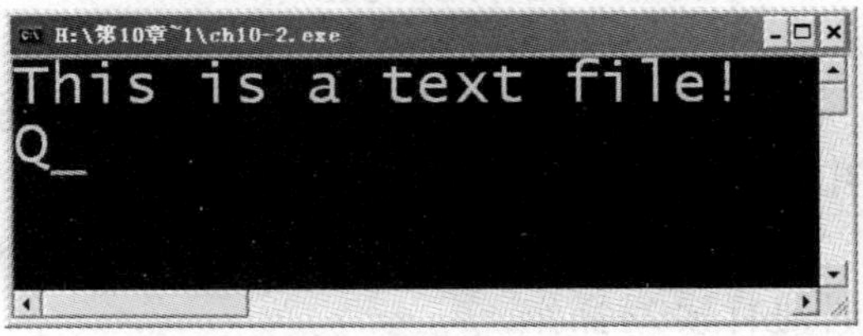

图 10-5　[例 10-2]运行结果

程序运行结果如图 10-5 所示。

打开文件 c: \test.txt 的内容如下：

```
This is a test txt file!
```

10.4.2　字符串的读/写

在文件输入/输出函数中提供了与 gets 与 puts 类似的字符输入/输出函数，其函数原型如下。

```
char *fgets (char *s,int n,FILE *stream);
```

fgets 函数的形式参数如下：

char *s ——有效内存地址，以便可以存储从文件读取的字符串。

int n ——读取字符串的长度，确定从文件中读取多少个字符。实质上，此函数从文件中读取 n-1 个字符到当前的字符串中，然后自动添加字符串结束符'\0'。但是如果此文件中一行长度小于 n，则到此行的换行符为止，并将此换行符读取到字符串中。

FILE *stream ——文件地址。

函数返回值——字符串首地址，如果函数运行成功，则返回 s 的值；否则则返回 NULL。

```
int fputs (const char *s,FILE *stream);
```

fputs 函数的形式参数如下：

const char *s ——有效的字符串，此字符串中不包括'\n'。

int n ——字符串长度。实质上，在向文件输出信息时，并不输出'\0'。

FILE *stream ——文件地址。

函数返回值 ——整型数据，如果函数运行成功，则返回 0；否则返回 EOF。

下面的程序段实现了将一个字符串"Hello"写入文件，或从文件中读取一个字符串的方法。

```
char szText[1024];
szText= "Hello";
FILE *fp;
…
fputs (szText,strlen(szText),fp);
…
fget(szText,1024,fp);/*读入一行*/
```

10.4.3　格式化读/写

文件输入/输出函数中提供了与 scanf 和 printf 类似的函数——fscanf 和 fprintf.

1. fprintf 函数

函数原型：

```
int fpintf(FILE *fp,char *mode,…);
```

fprintf 函数与 printf 函数比较，格式中多了一个 fp 参数，其作用和意义基本相同，唯一不同的作用是前者将输出的文本信息不是写入到标准输出文件中，而是写入到由 fp 指向的文件中。

函数的意义是：将省略号表示的位置列出的表达式的值计算出来后，按 mode 中指定的格式写到有 fp 指向的文件中。

【例 10-3】 有 10 个学生考了 C 语言这门课，编程将学生成绩输入到文件 c：\score.txt 中。

```
/*
    源文件名：ch10-3.c
    功能：fprintf()函数的使用
*/
#include <stdio.h>
#include <stdlib.h>
void main()
{    FILE *fp;
int i,grade;
if((fp=fopen("c: \\score.txt","w"))==NULL)
{fprintf(stderr,"Error opening file c: \\score.txt\n");
```

```
    exit(1);
}
printf("input 10 score: \n");
for(i=1;i<=10;i++)
{    scanf("%d",&grade);
    fprintf(fp,"%5d",grade);
    if(i==5)    fprintf(fp,"\n");
}
fclose(fp);
}
```

程序运行结果如图 10-6 所示。

程序中创建新的文本文件 c：\score.txt，用户可使用任意一个编辑软件打开该文件看到该文件内容如图 10-7 所示。

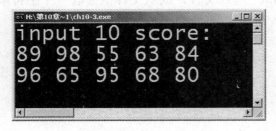

图 10-6　［例 10-3］运行结果

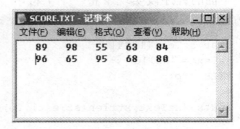

图 10-7　score 文件显示的内容

2. fscanf 函数

函数原型：

```
int fscanf(FILE *fp,const char *mode,…);
```

fscanf 函数与 scanf 函数比较，格式中多了一个 fp 参数，其作用和意义基本相同，唯一不同的作用是后者将是从标准输入文件中，按指定格式逐个输入信息到指定的变量中；后者是从 fp 指向的文本文件中读取数据。

函数的意义：从 fp 指向的文件中，按 mode 中指定的格式逐个读取文本数据转换成指定的数据类型，再存入对应指针指向的存储单元中。

【例 10-4】 将［例 10-3］中创建的文件 c：\score.txt 中数据读出来并显示。

```
/*
    源文件名：ch10-4.c
    功能：fscanf()函数的使用
*/
#include <stdio.h>
#include <stdlib.h>

void main()
{
FILE *fp;
int i=0,grade;
if((fp=fopen("c: \\score.txt","r"))==NULL)
{fprintf(stderr,"Error opening file c: \\score.txt\n");
```

```
        exit(1);
    }
printf("scores : \n");
while(!feof(fp))        /*如果 fp 指向文件结束位置,则 feof(fp)返回值为真*/
{   fscanf(fp,"%d",&grade);
    printf("%5d",grade);
i++;
    if(i==5)     printf("\n");
}
printf("\nThere are %d number\n",i);
fclose(fp);
}
```

程序运行结果如图 10-8 所示。

图 10-8　[例 10-4] 运行结果

程序中用到库函数 feof,该函数用于判断文件指
针是否指向文件结束位置,如果指向文件结束位置,则该函数返回非 0 数据;否则返回 0。

10.4.4　块的读/写

文件输入/输出函数中还提供了块的输入/输出函数,即将内存中的一段信息作为一个整体进行
输入/输出操作。fread 和 fwrite 用来将二进制代码的数据进行输入和输出,因此又称为直接输
入/输出函数。此函数的主要应用于简单变量的读/写、数组的读/写、结构体变量的读/写。

1. 读二进制文件的函数 fread

函数原型:

```
int fread(void *buf,int size,int count,FILE *fp);
```

fread 函数从 fp 指向的二进制文件中,读入 count 个大小为 size 字节的数据块到 buf 所指
向的内存中。如果执行成功,则返回实际读取的数据块的个数。

例如,从已经打开的文件指针 fp 所指向的文件中读入 10 个长整数到数组 long a[20]中,
这 10 个数依次存储到 a[9]开始的 10 个元素位置。

```
if (fread(&(a[9]),4,10,fp)!= 10)
  printf("从文件读出现错误!\n");
```

当然要注意该语句执行的数据是否正确,决定与 fp 指向的文件中的确存储的是否 long
类型的数据,只有文件中存储的是 long 类型的数据,上述语句才有意义。

例如,从已经打开的文件指针 fp 所指向的文件中读入 20 个结构体数据到数组 cs2010(类
型标识符设为 student)中。

```
if (fread(cs2010,sizeof(student),28,fp)!= 28)
        printf("从文件中读学生数据出现错误!\n");
```

2. 写二进制文件的函数 fwrite

函数原型:

```
int fwrite(const void *buf,int size,int count,FILE *fp);
```

fwrite 函数从 buf 所指向的内存中,读入 count 个大小为 size 字节的数据块写入到 fp 指向的
文件中。如果执行成功,则返回实际写入的数据块的个数。

例如,将长整型数组 a[20]的前 10 个元素写入文件 f 中。

```
if (fwrite(a,sizeof(long),10,f)!= 10)
  printf("文件写出现错误!\n");
```

例如，将数组 cs2010 的 20 个数据（类型标识符设为 student）写入文件 f 中。

```
if (fwrite(cs2010,sizeof(student),20,f)!= 20)
        printf("从文件中读学生数据出现错误!\n");
```

【例 10-5】 输入 5 个学生数据到文件 d：\stud.dat 中，然后从文件中把数据读出来并显示。

```
/*
    源文件名：ch10-5.c
    功能：二进制文件的读写
*/
#include <stdio.h>
#include <stdlib.h>
struct stud{
  char name[20];
  int age;
  char num[20];
}s[5],t;
void main()
{   FILE *fp;
int i=0;
if((fp=fopen("d: \\stud.dat","wb"))==NULL)
{   printf("Error opening file d: \\stud.dat\n");
    exit(1);
}
while(i<5)
{printf("input name: ");    scanf("%s",s[i].name);
    printf("input age: ");  scanf("%d",&s[i].age);
 printf("input number: ");  scanf("%s",&s[i].num);
 i++;
}
if(fwrite(s,sizeof(struct stud),5,fp)!=5)
{printf("Error writing file d: \\stud.dat\n");
 exit(1);
}
fclose(fp);
if((fp=fopen("d: \\stud.dat","rb"))==NULL)
{printf("Error opening file d: \\stud.dat\n");
 exit(1);
}
i=0;
while(!feof(fp))
{if(fread(&t,sizeof(struct stud),1,fp)!=1)
{printf("Error reading file d: \\stud.dat\n");
 exit(1);
 }
 i++;
 printf("the %dth student: ",i);
 printf(" name: %s ",t.name);
 printf("age: %d ",t.age);
```

```
 printf("number: %s\n",t.num);
 }
fclose(fp);
}
```

程序运行结果如图 10-9 所示。

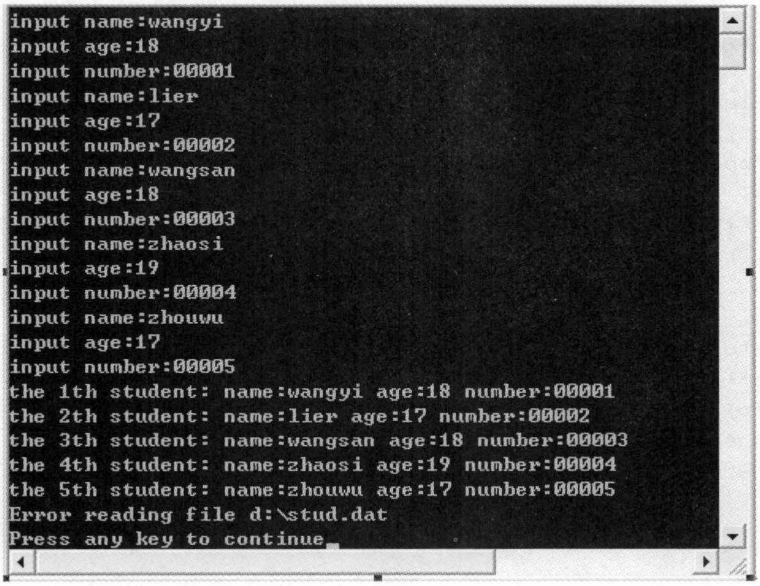

图 10-9 ［例 10-5］运行结果

10.5 任 务 实 施

通过对 10.2～10.4 节的学习，我们了解了文件的概念和文件操作的使用方法。对 10.1 节任务中提到的问题，很容易在上文中找到答案。现在完成 10.1 节的任务。

10.5.1 任务分析

思路：首先针对于文件名的输入，需要定义一个字符数组用来存放文件名，然后需要使用文件打开函数 fopen 将该文件打开才可以对该文件的字符数进行统计。

下面假设统计的就是 "ct10-1.c" 所包含的字符数：

（1）打开文件 "ct10-1.c"，打开文件成功即可开始统计文件包含字符数。

（2）使用函数 fgetc()，该函数读取一个字符就会返回该字符内容，位置指针用来指向当前读写字节，使用 fgetc()后，位置指针会向后移动一个字节，如果到达文件末尾，该指针会指向文件末尾，函数 fgetc()返回值为 EOF（-1）。

（3）使用变量 count 来统计文件的字符数。

（4）关闭文件。

10.5.2 程序代码

```
/*
    源文件名：ct10-1.c
```

```
    功能：统计文件字符数
*/
#include <stdio.h>
main()
{
char fname[80];/*存贮文件名*/
FILE *rfp;
long count;/*文件字符计数器*/
clrscr();
printf("Please input the file's name: \n");
scanf("%s",fname);
if((rfp=fopen(fname,"r"))==NULL)
{
    printf("Can't open file %s.\n",fname);
    exit(1);
}
count=0;
while(fgetc(rfp)!=EOF)
    count++;
fclose(rfp);/*关闭文件*/
printf("There are %ld characters in file %s.\n",count,fname);
puts("\n Press any key to quit...");
getch();
}
```

10.6 本 章 小 结

10.6.1 知识点
本章的知识结构如表 10-2 所示。

表 10-2   本 章 知 识 结 构

文件的概念	文件及文件指针的概念 文件的操作步骤
文件的打开与关闭	文件打开函数 fopen()函数
	文件关闭函数 fclose()函数
文件读写函数	fputc()函数和 fgetc()函数
	fread()函数和 fwrite()函数
	fsprintf()函数和 fscanf()函数
文件的定位与随机读写	rewind()函数
	fseek()函数
	ftell()函数

10.6.2 常见错误
（1）文件读写操作完成后，不关闭文件。
（2）文件的读写操作与打开方式不符。例如：

```
FILE *fp;
int a;
```

```
fp=fopen("test.dat","wb");  /*创建文件准备写入*/
fscanf(fp,"&d",&a);          /*从文件中读取数据,操作会失败*/
```

10.7 课　后　练　习

一、选择题

1. 将一个整数 10002 存放在磁盘上，以文本形式存储和以二进制形式存储，占用的字节数分别是 _____。

  A．2 和 2   B．2 和 5   C．5 和 2   D．5 和 5

2. 若执行 fopen 函数时发生错误，则函数的返回值是_____。

  A．地址值   B．0   C．1   D．EOF

3. 当调用函数 fput 输出字符时，若操作不成功返回值是 _____。

  A．EOF   B．1   C．0   D．输出的字符

4. fscanf 函数的正确调用形式是 _____。

  A．fscanf（fp，格式字符串，输出列表）

  B．fscanf（格式字符串，输出列表，fp）

  C．fscanf（格式字符串，文件指针，输出列表）

  D．fscanf（文件指针，格式字符串，输入列表）

5. 读取二进制文件的函数调用形式为：fread（buffer，size，count，fp）；其中 buffer 代表的是_____。

  A．一个文件指针，指向待读取的文件

  B．一个整型变量，代表待读取的数据的字节数

  C．一个内存块的首地址，代表读入数据存放的地址

  D．一个内存块的字节数

二、填空题

1. C 语言流式文件的两种形式是_____和_____。

2. C 语言打开文件的函数是_____，关闭文件的函数是_____。

3. 按指定格式将数据写到指定文件中的函数是_____，按指定格式从文件中输入数据的函数是_____，判断文件指针到文件末尾的函数是_____。

4. 把一个数据项写到指定文件中的函数是_____，从指定文件中读取一个数据项的函数是_____，把一个字符串输出到指定文件中的函数是_____，从指定文件中读取一个字符串的函数是_____。

5. feof（fp）函数用来判断文件是否结束，如果遇到文件结束，函数值为，否则为。

6. 在 C 语言中，文件的存取是以为单位的，这种文件被称作文件。

7. 设有定义：FILE *fw；请将以下打开文件的语句补充完整，以便可以向文本文件 readme.txt 的最后续写内容。

  fw=fopen（_____）；

三、程序分析题

1. 分析一下程序，写出程序运行后，文件 t1.dat。

```
#include <stdio.h>
void writestr(char *fn,char *str)
{
FILE *fp;
fp=fopen(fn,"w");
fputs(str,fp);
fclose(fp);
}
main()
{
writestr("t1.dat","start");
writestr("t1.dat"," end");
}
```

2．分析以下程序，写出程序运行结果。

```
#include <stdio.h>
main()
{
 FILE *fp;int k,n,a[6]={1,2,3,4,5,6};
fp=fopen("d2.dat","w");
fprintf(fp,"%d%d%d\n ",a[0],a[1],a[2]);
fprintf(fp,"%d%d%d\n ",a[3],a[4],a[5]);
fclose(fp);
fp=fopen("d2.dat","r");
fscanf(fp," %d%d",&k,&n);
printf("%d%d\n",k,n);
fclose(fp);
}
```

四、简答题

对于编写一个需要在文件中保存数据的程序，如果希望其他程序可以读取保存的数据，从数据存储方式的角度而言，采用哪一种（文本格式或二进制格式）更好？

五、编程题

1．从键盘输入一个字符串，将其存入以"hello.txt"命名的文件中，并将所保存文件的内容输出到屏幕。

2．从键盘输入一个字符串，将其输出到磁盘文件"alpha.txt"中，并将其中的小写字母全部转换成大写字母后，再次输出到文件"alpha.txt"中，以"$"为结束符，要求在源程序文件中加入适当的注释，文件名为"thomework4.c"。

3．已知有一磁盘文件"data.txt"中存放了一组整数，从键盘上输入一个整数，在文件中查找该数据。如果找到，输出该数据的位置；如果没找到，则在文件末尾插入该数据。

10.8 综 合 实 训

【实训目的】

（1）深入理解文件的意义。

（2）掌握基本的文件操作的方法。

【实训内容】

实训步骤及内容	题 目 解 答	完成情况
1. 编写一个程序实现两个文件的内容同时显示在屏幕上，并且最左边的第1～第30列显示文件1的内容；右边第41～第70列显示文件2的内容；第75、76列显示两文件该字符总和		
2. 编写一个简单的单行文本编辑器，该编辑命令要求有以下几种： E：指定编辑的文件 Q：结束编辑 R：用R命令后继的K行正文替代原始正文的M行到N行的正文内容。 I：将I命令后继的K行插入到原始正文第M行之后 D：将原始正文中第M行至第N行的正文内容删去		
3. 编程实现统计一个或多个文件的行数、字数和字符数，使用3个计数器分别用于统计行数、字数和字符数。		
4. 编写一个程序，从data.dat文本文件中读出一个字符，将其加密后写入data1.dat文件中，加密方式是字符的ASCII码加1		
实训总结： 分析讨论如下问题： （1）文件函数的使用要注意什么问题？ （2）文件函数在使用中如何注意打开文件的方式		

10.9 知 识 扩 展

文件可以理解为一个完整的数据流，因此可以将"数据流"分为文件头、文件尾和文件主体三个部分。在 C 语言中通过 FILE 类型指针描述文件流的位置，因此 FILE 类型指针又称为文件指针。在默认情况下，文件的读取是按顺序进行的。在完成一段信息的读/写之后，文件指针移动到其后的位置上准备下一次读/写。在特殊情况下，需要对文件进行随机的读/写，即读取当前位置的信息后，并不读取紧接其后的信息，而是根据需要读取特定位置处的信息。为了满足文件的随机读/写操作，C 语言中提供了文件指针定位函数。

1. 文件定位函数 fseek

函数原型：

```
int fseek (FILE *stream,long offset,int whence);
```

函数的形式参数如下：

FILE *stream ——文件地址。

long offset ——文件指针偏移量。

int whence ——偏移起始位置。

函数返回值 ——非零值表示是成功，0 表示失败。

在计算文件指针偏移量时，首先要确定其相对位置的起始点。相对位置的起始点分为如下三类：文件头、文件尾和文件当前位置，并定义可以用符号常量表示（见表 10-3）。

表 10-3   相 对 位 置 起 始 点

相对位置起始点	符号常量	整数值	说　　明
文件头	SEEK_SET	0	相对的偏移量的参照位置为文件头
文件尾	SEEK_END	2	相对的偏移量的参照位置为文件尾
文件当前位置	SEEK_CUR	1	相对的偏移量的参照位置为文件指针的当前位置

文件偏移量的计算单位为字节，文件偏移量可为负值，表示从当前位置向反方向偏移。

注意，fseek 函数对文本文件和二进制文件的处理方式有所不同。对于二进制文件，可以获得准确的定位。对于文本文件要注意如下的问题，首先文件偏移量必须为 0 或者通过 ftell 函数获得的文件指针的当前位置，并且相对位置的起始点必须为 SEEK_SET。

另外 fseek 将指针移动到文件的开始和结束位置时，产生一个文件状态标志，必须使用 clearerr 函数清除文件状态标志后，才可以继续读/写此文件。

将文件指针移动到文件开始位置的程序段如下：

```
FILE *fp;
fseek(fp,0L,SEEK_SET);
```

将文件指针移动到文件末尾位置的程序段如下：

```
fseek(fp,0L,SEEK_END);
```

2. 将文件指针移动到文件开始位置的函数 rewind

函数原型：

```
void rewind (FILE *stream);
```

函数的形式参数如下：

FILE *stream——文件地址。

函数返回值 ——无。

此函数的作用是将当前文件指针重新移动到文件的开始位置，其功能相当于如下的程序段，将文件指针移动到文件头，并清除状态标志。

```
fseek(fp,0L,SEEK_SET);
clearerr(fp);
```

3. 获得文件指针当前位置的函数 ftell

函数原型：

```
long ftell (FILE *stream);
```

FILE *stream——文件地址。

函数返回值——运行成功，返回当前位置相对于文件开始的相对偏移量；否则返回-1。

ftell 函数的作用是获得文件指针的当前位置，此位置为相对于文件开始位置的相对偏移量。

【例 10-6】 编程读出文件 stud.dat 中第三个学生的数据。

```
/*
    源文件名：ch10-6.c
    功能：文件定位
*/
```

```
#include <stdio.h>
#include <stdlib.h>
struct student
{
   char name[20];
int age;
char num[20];
};
void main()
{   struct student stud;
FILE *fp;
int i=2;
if((fp=fopen("stud.dat","rb"))==NULL)
{   printf("Error opening file! \n");
   exit(1);
}
fseek(fp,i*sizeof(struct student),SEEK_SET);
   if (fread(&stud,sizeof(struct student),1,fp)==1)
     {
      printf("%s,%d,%s\n",stud.name,stud.age,stud.num);
     }
else
    printf("record 3 does not presented.\n");
fclose(fp);
}
```

程序运行结果如图 10-10 所示。

图 10-10 ［例 10-6］ 运行结果

移动、判定文件位置的方法有许多，请大家在实践过程中参照有关的 C 语言手册和资料。

4. 文件结束检测函数 feof 函数

函数原型：

feof(FILE *stream);

功能：判断文件是否处于文件结束位置，如文件结束，则返回值为 1，否则为 0。

5. 读写文件出错检测函数

函数原型：

ferror(FILE *stream);

功能：检查文件在用各种输入/输出函数进行读/写时是否出错。如 ferror 返回值为 0 表示未出错，否则表示有错。

6. 文件出错标志和文件结束标志置 0 函数

函数原型：

clearerr(FILE *stream);

功能：本函数用于清除出错标志和文件结束标志，使它们为 0 值。

项 目 3 学生成绩管理系统

在案例"学生成绩管理系统"中,如果将所处理的学生成绩相关的各种数据只存储在内存中,这些数据只能在程序的同一次运行周期内使用。当程序运行结束之后,程序所有的变量都会随之不复存在,这些数据也会消失。当再次运行程序时将无法使用上一次运行的数据,则需要重新录入数据和进行处理。对这个问题如何解决的呢?

🔊【项目描述】

(1)功能:对在校学生课程的考试成绩进行统一管理。每位学生记录包含的信息有姓名、学号和各门功课的成绩。例如,高等数学、英语、中文等成绩。

(2)要求:求出各门课程的总分,平均分,按姓名学号查询记录并显示,浏览全部学生记录和按总分由高到低显示学生信息。学生成绩以一个学生一个记录的形式存储在文件中,一个文件按一个班为单位存储学生记录;将允许的操作分为 m,t,n,c,l,s,q。如项目图 3-1 所示。

m:计算学生成绩的平均分;

t:计算学生成绩的总分;

n:使用姓名查找一个学生记录;

c:使用学号查找一个学生记录;

l:浏览学生成绩;

s:按照总分进行排序;

q:退出。

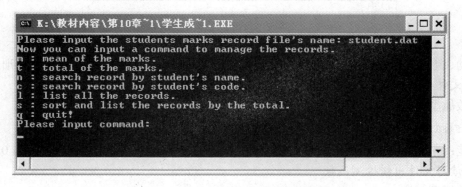

项目图 3-1　学生管理成绩管理系统界面

📝【知识要点】

(1)C 语言基本数据类型、结构体类型。

(2)输入/输出函数:scanf()、printf()和 getchar()。

(3)选择语句:if 和 switch 语句。

(4)循环语句:while 语句、do-while 语句、for 语句。

(5)自定义函数。

（6）数组的使用。

（7）指针的使用。

（8）文件的使用。

💬【项目分解】

任务 1：数据定义。

任务 2：设计主菜单。

任务 3：文件读写。

任务 4：数据统计：计算学生成绩的平均分和总分。

任务 5：数据查找：使用姓名查找一个学生记录和使用学号查找一个学生记录。

任务 6：数据显示：浏览学生成绩。

任务 7：数据排序：按照总分进行排序。

任务 8：程序优化。

任务 1 数 据 定 义

⚙【任务描述】

实现学生成绩管理系统的数据类型定义。

🍸【任务分析】

根据项目功能描述，需要定义结构体类型 struct record 和 struct node，struct record 用来作为学生记录的结构体；struct node 用来作为链表的结点。

```
struct record
{
char    name[NAMELEN+1];          /* 姓名 */
char    code[CODELEN+1];          /* 学号 */
int marks[SWN];                   /* 各课程成绩 */
int total;                        /* 总分 */
}stu;

struct node
{
char    name[NAMELEN+1];          /* 姓名 */
char    code[CODELEN+1];          /* 学号 */
int marks[SWN];                   /* 各课程成绩 */
int total;                        /* 总分 */
struct node *next;                /* 后续表元指针 */
}*head;                           /* 链表首指针 */
```

其他定义信息如项目表 3-1 所示。

项目表 3-1   数 据 定 义

变量名	数据类型	功　能	定　义
schoolwork[SWN][NAMELEN+1]	char	存放课程的名称	char schoolwork[SWN][NAMELEN+1] = {"Chinese", "Mathematic", "English"};

变量名	数据类型	功　能	定　义
total[SWN]	int	存放各课程总分	int total[SWN];
stfpt	FILE *	文件指针	FILE *stfpt;
stuf[FNAMELEN];	char	文件名	char stuf[FNAMELEN];

【任务实现】

```
/*定义变量*/
/*课程名称表*/
#define SWN        3                    /* 课程数 */
#define NAMELEN    20                   /* 姓名最大字符数 */
#define CODELEN    10                   /* 学号最大字符数 */
#define FNAMELEN   80                   /* 文件名最大字符数 */
#define BUFLEN     80                   /* 缓冲区最大字符数 */
char schoolwork[SWN][NAMELEN+1] = {"Chinese","Mathematic","English"};
struct record
{
char     name[NAMELEN+1];              /* 姓名 */
char     code[CODELEN+1];              /* 学号 */
int marks[SWN];                        /* 各课程成绩 */
int total;                             /* 总分 */
}stu;
struct node
{
char     name[NAMELEN+1];              /* 姓名 */
char     code[CODELEN+1];              /* 学号 */
int marks[SWN];                        /* 各课程成绩 */
int total;                             /* 总分 */
struct node *next;                     /* 后续表元指针 */
}*head;                                /* 链表首指针 */

int total[SWN];                        /* 各课程总分 */
FILE *stfpt;                           /* 文件指针 */
char stuf[FNAMELEN];                   /* 文件名 */
```

任务 2　设 计 主 菜 单

【任务描述】

实现学生成绩管理系统项目主菜单的设计，主菜单包括：

（1）数据统计：计算学生成绩的平均分和总分。

（2）数据删除：删除一个学生记录。

（3）数据查找：使用姓名查找一个学生记录和使用学号查找一个学生记录。

（4）数据显示：浏览学生成绩。

（5）数据排序：按照总分进行排序。

【任务分析】

根据任务描述，该任务需要解决三个子任务。

（1）主菜单设计。

（2）选择菜单项。

（3）多分支处理。

具体如项目表 3-2 所示。

项目表 3-2　　　　　　　　　　　设 计 主 菜 单

任务名称	任 务 实 现
主菜单设计	使用 puts()函数及转义字符'\n'、'\t'和制表符完成
选择菜单项	使用 scanf()函数实现菜单项的选择
多分支处理	使用 switch 语句实现多分支处理

【任务实现】

```c
puts("Now you can input a command to manage the records.");
puts("m : mean of the marks.");
puts("t : total of the marks.");
puts("n : search record by student's name.");
puts("c : search record by student's code.");
puts("l : list all the records.");
puts("s : sort and list the records by the total.");
puts("q : quit!");
while(1)
{
    puts("Please input command: ");
    scanf(" %c",&c);                    /* 输入选择命令 */
    if(c=='q'||c=='Q')
    {
        puts("\n Thank you for your using.");
        break;                          /* q,结束程序运行 */
    }
    switch(c)
    {
        case 'm':                       /* 计算平均分 */
        case 'M':
            if((n=totalmark(stuf))==0)
            {
                puts("Error!");
                break;
            }
            printf("\n");
            for(i=0;i<SWN;i++)
             printf("%-15s's average is: %.2f.\n",schoolwork[i],(float)total
            [i]/n);
            break;
        case 't':                       /* 计算总分 */
        case 'T':
```

```
            if((n=totalmark(stuf))==0)
            {
                puts("Error!");
                break;
            }
            printf("\n");
            for(i=0;i<SWN;i++)
                printf("%-15s's total mark is: %d.\n",schoolwork[i],total[i]);
            break;
        case 'n':                 /* 按学生的姓名寻找记录 */
        case 'N':
            printf("Please input the student's name you want to search: ");

            scanf("%s",buf);
            retrievebyn(stuf,buf);
            break;
        case 'c':                 /* 按学生的学号寻找记录 */
        case 'C':
            printf("Please input the student's code you want to search: ");

            scanf("%s",buf);
            retrievebyc(stuf,buf);
            break;
        case 'l':                 /* 列出所有学生记录 */
        case 'L':
            liststu(stuf);
            break;
        case 's':                 /* 按总分从高到低排列显示 */
        case 'S':
            if((head=makelist(stuf))!=NULL)
                displaylist(head);
            break;
        default: break;
        }
    }
}→
```

任务 3　文　件　读 / 写

⚙️【任务描述】
实现学生记录在文件中的写入与读取：
（1）从指定文件读入一个学生记录。
（2）对指定文件写入一个学生记录。

ϒ【任务分析】
根据任务描述，该任务需要解决两个子任务。
（1）readrecord 函数用以从指定文件读入一个记录。
（2）writerecord 函数用以对指定文件写入一个记录。

项目表 3-3　　　　　　　　　　　文　件　读　写

任务名称	任　务　实　现
读文件	readrecord 函数用来将 student.dat 的文件读入到结构体变量中
写文件	writerecord 函数用来将结构体变量的内容写入到文件 student.dat

【任务实现】

```
/* 从指定文件读入一个记录 */
int readrecord(FILE *fpt,struct record *rpt)
{
char buf[BUFLEN];
int i;
if(fscanf(fpt,"%s",buf)!=1)
    return 0;    /* 文件结束 */
strncpy(rpt->name,buf,NAMELEN);
fscanf(fpt,"%s",buf);
strncpy(rpt->code,buf,CODELEN);
for(i=0;i<SWN;i++)
    fscanf(fpt,"%d",&rpt->marks[i]);
for(rpt->total=0,i=0;i<SWN;i++)
    rpt->total+=rpt->marks[i];
return 1;
}
/* 对指定文件写入一个记录 */
writerecord(FILE *fpt,struct record *rpt)
{
int i;
fprintf(fpt,"%s\n",rpt->name);
fprintf(fpt,"%s\n",rpt->code);
for(i=0;i<SWN;i++)
    fprintf(fpt,"%d\n",rpt->marks[i]);
return ;
}
```

任务 4　数　据　统　计

【任务描述】

实现学生成绩管理系统的数据统计功能，包括学生成绩的总分的统计。

【任务分析】

根据任务描述，该任务使用 totalmark 函数用来解决学生成绩总分的统计。为求各门课程的平均分，从文件逐一读出学生记录，累计各门课程的分数，并统计学生人数，待文件处理完毕，将得到各门课程的总分，除以人数就得到各门课程的平均分。

项目表 3-4　　　　　　　　　　　数　据　统　计

任务名称	任　务　实　现
数据统计	totalmark 函数用来求各门课程的总分，从文件逐一读出学生记录，累计各门课程的分数，待文件处理完得到各门课程的总分

**　【任务实现】**

```
/* 计算各单科总分 */
int totalmark(char *fname)
{
FILE *fp;
struct record s;
int count,i;
if((fp=fopen(fname,"r"))==NULL)
{
    printf("Can't open file %s.\n",fname);
    return 0;
}
for(i=0;i<SWN;i++)
    total[i]=0;
count=0;
while(readrecord(fp,&s)!=0)
{
    for(i=0;i<SWN;i++)
        total[i]+=s.marks[i];
    count++;
}
fclose(fp);
return count;            /* 返回记录数 */
}
```

任务 5　数　据　查　找

**　【任务描述】**

实现学生成绩管理系统的数据查找功能，包括按照学生的学号进行查找和按照学生的姓名进行查找。

**　【任务分析】**

根据任务描述，该任务包括两个子任务：

（1）按学生名字寻找学生信息。

（2）按学生学号寻找学生信息。

项目表 3-5　　　　　　　　　　　　　数　据　查　找

任务名称	任 务 实 现
用姓名查找学生记录	定义 retrievebyn 函数，首先要求输入带寻找学生的名字，顺序读入学生记录凡名字与待寻找学生相同的记录都在屏幕上显示，直到文件结束
用学号查找学生记录	定义 retrievebyc 函数，首先要求输入待寻找的学生的学号，顺序读入学生记录，发现有学号与待寻找学生相同的记录就在屏幕上显示，并结束处理

**　【任务实现】**

```
/* 按学生姓名查找学生记录 */
int retrievebyn(char *fname,char *key)
{
```

```
FILE *fp;
int c;
struct record s;
if((fp=fopen(fname,"r"))==NULL)
{
    printf("Can't open file %s.\n",fname);
    return 0;
}
c=0;
while(readrecord(fp,&s)!=0)
{
    if(strcmp(s.name,key)==0)
    {
        displaystu(&s);
        c++;
    }
}
fclose(fp);
if(c==0)
    printf("The student %s is not in the file %s.\n",key,fname);
return 1;
}
/* 按学生学号查找学生记录 */
int retrievebyc(char *fname,char *key)
{
FILE *fp;
int c;
struct record s;
if((fp=fopen(fname,"r"))==NULL)
{
    printf("Can't open file %s.\n",fname);
    return 0;
}
c=0;
while(readrecord(fp,&s)!=0)
{
    if(strcmp(s.code,key)==0)
    {
        displaystu(&s);
        c++;
        break;
    }
}
fclose(fp);
if(c==0)
    printf("The student %s is not in the file %s.\n",key,fname);
return 1;
}
```

任务6 数 据 显 示

⚙️【任务描述】

实现学生成绩管理系统的数据显示功能，包括浏览学生全部成绩和列表显示学生信息。

🌱【任务分析】

根据任务描述，该任务包括两个子任务：

（1）浏览学生全部成绩。

（2）列表显示学生信息。

项目表 3-6   数 据 显 示

任务名称	任 务 实 现
浏览学生全部成绩	用 displaystu 函数顺序读入学生记录，并在屏幕上显示，直到文件结束
列表显示学生信息	用 liststu 函数首先顺序读入学生记录并构造一个有序链表，然后顺序显示链表上的各元素

📖【任务实现】

```
/* 显示学生记录 */
displaystu(struct record *rpt)
{
int i;
printf("\nName  : %s\n",rpt->name);
printf("Code  : %s\n",rpt->code);
printf("Marks : \n");
for(i=0;i<SWN;i++)
    printf("       %-15s : %4d\n",schoolwork[i],rpt->marks[i]);
printf("Total : %4d\n",rpt->total);
}
/* 列表显示学生信息 */
void liststu(char *fname)
{
FILE *fp;
struct record s;
if((fp=fopen(fname,"r"))==NULL)
{
    printf("Can't open file %s.\n",fname);
    return ;
}
while(readrecord(fp,&s)!=0)
{
    displaystu(&s);
    printf("\n     Press ENTER to continue...\n");
    while(getchar()!='\n');
}
fclose(fp);
return;
}
```

任务 7 数 据 排 序

❈【任务描述】

实现学生成绩管理系统的数据排序功能。按总分由高到低显示学生信息，首先顺序读入学生记录并构造一个有序链表，然后顺序显示链表上的各元素。

⅄【任务分析】

根据任务描述，该任务包括两个子任务：

（1）构造一个有序链表。

（2）顺序显示链表上的各元素。

项目表 3-7   数 据 排 序

任务名称	任 务 实 现
构造链表	使用 makelist 函数顺序读入学生记录并构造一个有序链表
显示有序元素	使用 displaylist 函数顺序显示链表上的各元素

📖【任务实现】

```
/* 构造链表 */
struct node *makelist(char *fname)
{
FILE *fp;
struct record s;
struct node *p,*u,*v,*h;
int i;
if((fp=fopen(fname,"r"))==NULL)
{
    printf("Can't open file %s.\n",fname);
    return NULL;
}
h=NULL;
p=(struct node *)malloc(sizeof(struct node));
while(readrecord(fp,(struct record *)p)!=0)
{
    v=h;
    while(v&&p->total<=v->total)
    {
        u=v;
        v=v->next;
    }
    if(v==h)
        h=p;
    else
        u->next=p;
    p->next=v;
    p=(struct node *)malloc(sizeof(struct node));
}
```

```
free(p);
fclose(fp);
return h;
}
/* 顺序显示链表各表元 */
void displaylist(struct node *h)
{
while(h!=NULL)
{
    displaystu((struct record *)h);
    printf("\n    Press ENTER to continue...\n");
    while(getchar()!='\n');
    h=h->next;
}
return;
}
```

任务 8 程 序 优 化

✿【任务描述】

假定每位学生学习语文、数学和英语三门课程，主程序输入文件名之后进入接受命令，执行命令处理程序的循环。

按问题的要求共设五条命令：求各门课程的总分、求各门课程的平均分、按学生名字寻找其信息、按学号寻找其信息、结束命令。

▼【任务分析】

（1）求各门课程的总分，从文件逐一读出学生记录，累计各门课程的分数，待文件处理完即可得到各门课程的总分。

（2）求各门课程的平均分，从文件逐一读出学生记录，累计各门课程的分数，并统计学生人数，待文件处理完毕，将得到各门课程的总分，除以人数就得到各门课程的平均分。

（3）按学生名字寻找学生信息的处理，首先要求输入待寻找学生的名字，顺序读入学生记录，凡名字与待寻找学生相同的记录都在屏幕上显示，直到文件结束。

（4）按学生学号寻找学生信息的处理，首先要求输入待寻找学生的学号，顺序读入学生记录，发现有学号与待寻找学生相同的记录就在屏幕上显示，并结束处理。浏览学生全部成绩，顺序读入学生记录，并在屏幕上显示，直到文件结束。

（5）按总分由高到低显示学生信息，首先顺序读入学生记录并构造一个有序链表，然后顺序显示链表上的各元素。

🔲【任务实现】

```
#include <stdio.h>
#include <stdlib.h>
main()
{
int i,j,n;
char c;
```

```
char buf[BUFLEN];
FILE *fp;
struct record s;
clrscr();
printf("Please input the students marks record file's name: ");
scanf("%s",stuf);
if((fp=fopen(stuf,"r"))==NULL)
{
    printf("The file %s doesn't exit,do you want to creat it? (Y/N)",stuf);
    getchar();
    c=getchar();
    if(c=='Y'||c=='y')
    {
        fp=fopen(stuf,"w");
        printf("Please input the record number you want to write to the file: ");
        scanf("%d",&n);
        for(i=0;i<n;i++)
        {
            printf("Input the student's name: ");
            scanf("%s",&s.name);
            printf("Input the student's code: ");
            scanf("%s",&s.code);
            for(j=0;j<SWN;j++)
            {
                printf("Input the %s mark: ",schoolwork[j]);
                scanf("%d",&s.marks[j]);
            }
            writerecord(fp,&s);
        }
        fclose(fp);
    }
}
fclose(fp);
getchar();
/*clrscr();*/
puts("Now you can input a command to manage the records.");
puts("m : mean of the marks.");
puts("t : total of the marks.");
puts("n : search record by student's name.");
puts("c : search record by student's code.");
puts("l : list all the records.");
puts("s : sort and list the records by the total.");
puts("q : quit!");
}
```

☎【项目总结】

　　本项目除了为每个处理功能编写相应的函数外，另外编写了从文件读取学生记录的函数、写记录到文件和显示一个学生记录的函数，从而简化了编程。

⧗【项目扩展】

　　模仿本项目完成学生选课系统。

附录A　常用字符与ASCII代码对照表

ASCII 值	字符	ASCII 值	字符	ASCII 值	字符	ASCII 值	字符
32	空格	58	:	84	T	110	n
33	!	59	;	85	U	111	o
34	"	60	<	86	V	112	p
35	#	61	=	87	W	113	q
36	$	62	>	88	X	114	r
37	%	63	?	89	Y	115	s
38	&	64	@	90	Z	116	t
39	'	65	A	91	[	117	u
40	(	66	B	92	\	118	v
41	)	67	C	93	]	119	w
42	*	68	D	94	^	120	x
43	+	69	E	95	—	121	y
44	,	70	F	96	`	122	z
45	—	71	G	97	a	123	{
46	.	72	H	98	b	124		
47	/	73	I	99	c	125	}
48	0	74	J	100	d	126	~
49	1	75	K	101	e	127	（del）
50	2	76	L	102	f		
51	3	77	M	103	g		
52	4	78	N	104	h		
53	5	79	O	105	i		
54	6	80	P	106	j		
55	7	81	Q	107	k		
56	8	82	R	108	l		
57	9	83	S	109	m		

附录 B　C 语言关键字

关键字	说　　明	关键字	说　　明
int	声明整型变量或函数	short	声明短整型变量或函数
long	声明长整型变量或函数	char	声明字符型变量或函数
float	声明浮点型变量或函数	double	声明双精度变量或函数
unsigned	声明无符号类型变量或函数	signed	声明有符号类型变量或函数
union	声明共用数据类型	enum	声明枚举类型
typedef	用以给数据类型取别名	struct	声明结构体变量或函数
auto	声明自动变量	const	声明只读变量
static	声明静态变量	register	声明寄存器变量
extern	声明外部函数或外部变量		
volatile	说明变量在程序执行中可被隐含地改变	void	声明函数无返回值或无参数，声明无类型指针
if	条件语句	else	条件语句否定分支（与 if 连用）
switch	用于开关语句	case	开关语句分支
default	开关语句中的"其他"分支		
do	循环语句的循环体	while	循环语句的循环条件
for	一种循环语句	break	跳出当前循环或 switch 语句
continue	结束当前循环，开始下一轮循环	goto	无条件跳转语句
return	子程序返回语句（可以带参数，也可不带参数）循环条件	sizeof	计算数据类型长度

附录 C C 语言运算符优先级

优先级	运算符	名称或含义	使用形式	结合方向	说明
1	[]	数组下标	数组名[常量表达式]	左到右	
	()	圆括号	（表达式）/函数名（形参表）		
	.	成员选择（对象）	对象.成员名		
	->	成员选择（指针）	对象指针->成员名		
2	-	负号运算符	-表达式	右到左	单目运算符
	（类型）	强制类型转换	（数据类型）表达式		
	++	自增运算符	++变量名/变量名++		
	--	自减运算符	--变量名/变量名--		单目运算符
	*	取值运算符	*指针变量		
	&	取地址运算符	&变量名		
	!	逻辑非运算符	!表达式		
	~	按位取反运算符	~表达式		
	sizeof	长度运算符	sizeof（表达式）		
3	/	除	表达式 1/表达式 2		
	*	乘	表达式 1*表达式 2		
	%	余数（取模）	整型表达式 1/整型表达式 2		
4	+	加	表达式 1+表达式 2		
	-	减	表达式 1-表达式 2		
5	<<	左移	变量<<表达式	左到右	双目运算符
	>>	右移	变量>>表达式		
6	>	大于	表达式 1>表达式 2		
	>=	大于等于	表达式 1>=表达式 2		
	<	小于	表达式 1<表达式 2		
	<=	小于等于	表达式 1<=表达式 2		
7	==	等于	表达式 1==表达式 2		
	!=	不等于	表达式 1! =表达式 2		
8	&	按位与	表达式 1&表达式 2		
9	^	按位异或	表达式 1^表达式 2	左到右	双目运算符
10	|	按位或	表达式 1|表达式 2		
11	&&	逻辑与	表达式 1&&表达式 2		
12	||	逻辑或	表达式 1||表达式 2		

优先级	运算符	名称或含义	使用形式	结合方向	说明
13	?:	条件运算符	表达式 1? 表达式 2：表达式 3	右到左	三目运算符
14	=	赋值运算符	变量=表达式	右到左	
	/=	除后赋值	变量/=表达式		
	*=	乘后赋值	变量*=表达式		
	%=	取模后赋值	变量%=表达式		
	+=	加后赋值	变量+=表达式		
	− =	减后赋值	变量−=表达式		
	<<=	左移后赋值	变量<<=表达式		
	>>=	右移后赋值	变量>>=表达式		
	&=	按位与后赋值	变量&=表达式		
	^=	按位异或后赋值	变量^=表达式		
	| =	按位或后赋值	变量|=表达式		
15	,	逗号运算符	表达式 1，表达式 2，…	左到右	

说明：表中 1 级优先级最高，15 级优先级最低。

附录 D   C 语言常见库函数

函数类别	函数名	函 数 原 型	函 数 功 能	函数返回值	需包含的文件
数学计算	abs	int abs（int i）；	求整数的绝对值	计算结果	math.h
	acos	double acos（double x）；	反余弦函数	计算结果	
	asin	double asin（double x）；	反正弦函数	计算结果	
	atan	double atan（double x）；	反正切函数	计算结果	
	cos	double cos（double x）；	余弦函数	计算结果	
	exp	double exp（double x）；	求 e 的 x 次方幂	计算结果	
	fabs	double fabs（double x）；	求符点数的绝对值	计算结果	
	floor	double floor（double x）；	求不大于 x 的最大整数	计算结果	
	fmod	double fmod（double x，double y）；	求 x/y 的余数	计算结果	
	log	double log（double x）；	求 lnx	计算结果	
	log10	double log10（double x）；	求以 10 为底 x 的对数	计算结果	
	pow	double pow（double x，double y）；	求 x 的 y 次幂	计算结果	
	sin	double sin（double x）；	正弦函数	计算结果	
	sqrt	double sqrt（double x）；	求 x 的平方根	计算结果	
	tan	double tan（double x）；	正切函数	计算结果	
字符串操作函数	strcat	char strcat（char *str1，char *str2）；	把字符串 str2 连接到 str1 后面，str1 最后面的'\0'取消	返回 str1	string.h
	strchr	char *strchr（char *str，int ch）；	找出 str 指向的字符串中第一次出现字符 ch 的位置	返回指向该位置的指针。如找不到，返回空指针	
	strcpy	char strcpy（char *str1，char *str2）；	把 str2 指向的字符串拷贝到 str1 中	返回 str1	
	strcmp	int strcmp（char *str1，char *str2）；	比较两个字符串 str1，str2	str1<str2，返回负数 str1=str2，返回 0 str1>str2，返回正数	
	strlen	undinged int strlen（char *str）；	统计字符串中字符个数（不含'\0'）	返回字符个数	
	strstr	char *strstr（char *str1，char *str2）；	找出 str2 字符串在 str1 字符串中第一次出现的位置（不包括 str2 的'\0'）	返回该位置的指针。如找不到，返回空指针	
字符转换函数	tolower	int tolower（int ch）；	将字符转换为小写字母	返回 ch 所代表字符的小写字母	ctype.h
	toupper	int toupper（int ch）；	将字符转换为大写字母	返回 ch 所代表字符的大写字母	

函数类别	函数名	函 数 原 型	函 数 功 能	函数返回值	需包含的文件
输入/输出函数	clearerr	void clearerr（FILE *fp）;	清除文件指针错误	无	stdio.h
	fclose	int fclose（FILE *fp）;	关闭 fp 所指的文件，释放缓冲区	有错则返回非 0，否则返回 0	
	feof	int feof（FILE *fp）;	检查文件是否结束	遇文件结束返回非 0，否则返回 0	
	fgetc	int fgetc（FILE *fp）;	从 fp 所指定的文件中取得下一个字符	返回所得到的字符。若读入出错，返回 EOF	
	fgets	char *fgets（char *buf, int n, FILE *fp）;	从 fp 指向的文件读取一个长度为 n−1 字符串，存入起始地址为 buf 的空间	返回地址 buf，若遇文件结束或出错，返回 NULL	
	fopen	FILE *fopen（char *filename, *mode）;	以 mode 指定的方式打开名为 filename 的文件	成功，返回一个文件指针（起始地址），否则返回 0	
	fprintf	int fprintf（FILE *fp, char *format, args, ...）;	把 args 的值以 format 指定格式输出到 fp 指向的文件中	实际输出的字符数	
	fputc	int fputc（char ch, FILE *fp）;	将字符 ch 输出到 fp 指向的文件中	成功，返回该字符，否则返回 EOF	
	fputs	int fputs（char *str, FILE *fp）;	将 str 指向的字符串输出到 fp 指向的文件中	返回 0，若出错返回非 0	
	fread	int fread(char pt, unsigned size, unsigned n, FILE *fp）;	从 fp 指定的文件中读取长度为 size 的 n 个数据项，存到 pt 所指向的内存区中	返回所读的数据项个数，如遇到文件结束或出错返回 0	
	fscanf	int fscanf（FILE *fp, char *format, args, ...）;	从 fp 指定的文件中按 format 给定的格式将输入数据送到 args 所指向的内存单元	已输入的数据个数	
	fseek	int fseek(FILE *fp, long offset, int base）;	将 fp 所指向的文件的位置指针移到以 base 所指出的位置为基准、以 offset 为位移量的位置	返回当前位置，否则，返回−1	
	ftell	long ftell（FILE *fp）;	返回当前文件指针	返回 fp 执行的文件中的读写位置	
	fwrite	int fwrite（char *ptr, unsigned size, unsigned n, FILE *fp）;	把 ptr 所指向的 n*size 个字节输出到 fp 指向的文件	写到 fp 文件中数据项的个数	
	getc	int getc（FILE *fp）;	从 fp 所指向的文件中读入一个字符	返回所得到的字符。若文件结束或读入出错，返回 EOF	stdio.h
	getchar	int getchar();	从标准输入设备读取下一个字符	所读字符，若文件结束或出错，返回−1	
	gets	int *gets（char *string）;	从文件读取下一个字符串	返回得到的字符串	
	printf	int printf（char *format, args, ...）;	将输出表列 args 的值输出到标准输出设备	实际输出的字符数	
	putc	int putc（int ch, FILE *fp）;	将字符 ch 输出到 fp 指向的文件中	输出的字符 ch，出错返回 EOF	

函数类别	函数名	函 数 原 型	函 数 功 能	函数返回值	需包含的文件
输入/输出函数	putchar	int putchar（char ch）;	把字符 ch 输出到标准输出设备	输出的字符 ch，出错返回 EOF	stdio.h
	puts	int puts（char *str）;	把 str 指向的字符串输出到标准输出设备，将'\0'转换为回车换行	返回换行符，出错返回 EOF	
	read	int read（int fd，char *buf，unsigned count）;	从文件号 fd 所指示的文件中读 count 个字节到由 buf 指示的缓冲区	返回真正读入的字节个数。如遇文件结束返回 0，出错返回—1	
	rename	int rename（char *oldname，*newname）;	把由 oldname 所指的文件名改为由 newname 所指的文件名	成功返回 0，出错返回—1	
	rewind	void rewind（FILE *fp）;	将 fp 指示的文件中的位置指针置于文件开头位置，并清除文件结束标志和错误标志	无	
	scanf	int scanf（char *format，args .....）;	从标准输入设备按 format 指向的格式字符串规定的格式，输入数据给 args 所指向的单元	读入并赋给 args 的数据个数。遇文件结束返回 EOF，出错返回 0	
	write	int write（int fd，char *buf，unsigned count）;	从 buf 指示的缓冲区输出 count 个字符到 fd 所标志的文件	返回实际输出的字节数，如出错返回—1	
动态存储分配内存函数	calloc	void *calloc(unsigned n, unsign size);	分配 n 个数据项的内存连续空间，每个数据项的大小为 size	分配内存单元的起始地址，若不成功，返回 0	malloc.h 或 stdio.h
	free	void free（void *p）;	释放 p 所指的内存区	无	
	malloc	void *malloc（unsigned size）;	分配 size 字节的存储区	所分配的内存地址，如内存不够，返回 0	
	realloc	void *realloc(void *p, unsigned size);	将 f 所指的已分配内存区的大小改为 size。size 可以比原来分配的空间大或小	返回指向该内存区的指针	

参 考 文 献

[1] Al Kelley Ira Pohl. C 语言解析教程 [M]. 麻志毅. 译. 北京：机械工业出版社，2002.

[2] Alice E.Fischer. C 语言程序设计实用教程 [M]. 裘岚，等. 译. 北京：电子工业出版社，2001.

[3] 谭浩强. C 程序设计 [M]. 北京：清华大学出版社，2000.

[4] 谭浩强. C 语言程序设计解题与上机指导 [M]. 北京：清华大学出版社，2000.

[5] 廖雷. C 语言程序设计 [M]. 2 版. 北京：高等教育出版社，2003.

[6] 赵凤芝，等. C 语言程序设计能力教程 [M]. 北京：中国铁道出版社，2006.

[7] 杨开城. C 语言程序设计教程、实验与练习 [M]. 北京：人民邮电出版社，2006.

[8] 陆虹. 程序设计基础——逻辑编程及 C＋＋实现 [M]. 北京：高等教育出版社，2003.

[9] 刘瑞新. C 语言程序设计教程 [M]. 北京：机械工业出版社，2005.

[10] 卢素魁. C 语言程序设计 [M]. 北京：中国铁道出版社，2004.

[11] 冯玉东. C 语言程序设计实用教程 [M]. 北京：中国电力出版社，2004.